图2-1 卡通电视

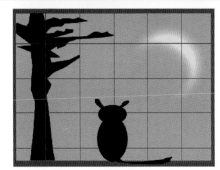

图2-60 月光下的小猫

图3-1 国画《寒香》

图3-28 国画《翠竹》

图4-1 美化照片

图4-2 荷塘群鸭

图4-3 修复照片

图4-4 节日贺卡

图4-5 水乡风景

图4-41 诱人的西红柿

图5-1 彩虹效果

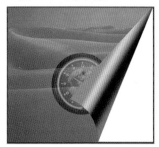

图5-22 卷纸

图6-1 五环水世界

图6-69 电脑显示屏

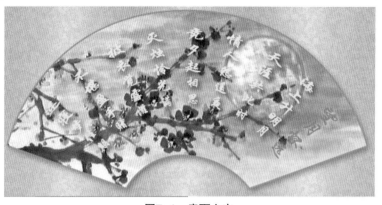

图7-1　扇面文字

图7-30　精美挂历

图8-1　人物变脸

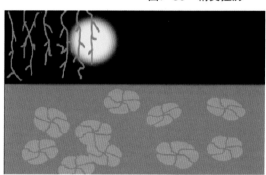

图8-60　荷塘月色

图9-1　流泪的蜡烛

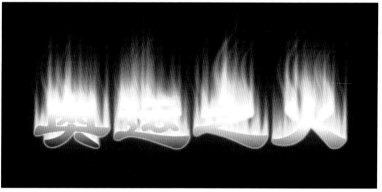

图9-22　火焰字

图10-1　雨雪纷纷

图10-58　烧纸

i

本书部分实例效果赏析

图11-1　邮票《梅》

图11-25　许愿

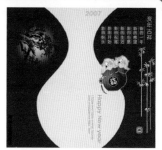

图12-1　贺卡封面

图12-2　贺卡封里

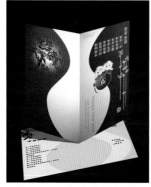

图12-3　贺卡立体封面

图12-4　贺卡立体封里

图12-48　自制包装盒

图13-1　反转负冲

图13-6　夏天照片变秋天

图13-10　制作中国象棋

图13-23　油画

图13-28　绘制羽毛

图13-37　水墨山水画

图13-46　水绘秋天
的图画

图13-53　香烟

图13-61　印章字

图13-66 绿豆字

图13-72 水泡字

图13-79 冰雪字

图13-88 温馨家园广告

图13-97 环保广告

图13-109 化妆品广告

图13-134 茶叶包装

图13-123 糕点包装

图13-118 汽车广告

图13-148 婚纱摄影

图13-155 电影海报

图13-169 优惠卡

图13-178 杂志封面

本书部分实例效果赏析

教育部职业教育与成人教育司全国职业教育与成人教育教学用书规划教材

"十一五"全国计算机职业院校精品课程规划教材

Photoshop CS3

图形图像处理项目实训教程

主编／赵艳莉

副主编／行红明　邢彩霞　李保华

项目教学、
任务驱动实用模式
精选案例培养就业
关键技能

海洋出版社

北京

内 容 简 介

　　本书是专为全国职业院校计算机图形图像处理专业编写的教科书。本书从易教易学的目标出发，采用**项目实现 ＋ 知识延伸 ＋ 模仿训练 ＋ 课堂作业**的全新教学模式，生动详细地介绍了如何用平面设计软件 Photoshop CS3 来设计和制作水彩画、国画、美化照片、文字特效、人物变脸、流泪的蜡烛、雨雪纷纷、新年贺卡和广告、海报张贴画等的思路、流程、方法和具体实现步骤。

　　本书内容：全书由 **12** 个项目、**12** 个模仿训练、**22** 个综合实训构成。

　　本书特点：1. 数年教学、实践、教改经验的总结：本书是数年一线教学、实践、教改经验的积累和总结，实用性强。**2. 突出技能训练和提高动手能力：**本书以"项目教学"和"任务驱动"的形式组织内容，先教授学生如何设计和制作一件好的作品的全过程，同时讲授设计思路、方法、流程，教授操作技能，激发学习兴趣，突出技能训练，培养提高学生动手能力。**3. 以就业为导向、以实践为主体：**注重与社会和企业的实际需求相结合，范例实用性、趣味性强，激发学生自己动手的欲望。丰富的项目讲解，及时的模仿训练，独立的综合实训，把理论与实际应用、模仿与创造完美地结合起来，形成过硬的实用技能，为就业提前打好基础。

4. 易教易学：配套光盘提供素材和最终效果图，提供作业题，及时巩固所学知识，易教易学。

　　适用范围：全国职业院校计算机图形图像处理专业课程教材。

图书在版编目（CIP）数据

Photoshop CS3 图形图像处理项目实训教程/赵艳莉主编. —北京：海洋出版社，2009.11
ISBN 978-7-5027-7593-3

Ⅰ.①P… Ⅱ.①赵… Ⅲ.①图形软件，Photoshop CS3—教材 Ⅳ.①TP391.41

中国版本图书馆 CIP 数据核字（2009）第 193480 号

总 策 划：WISBOOK		发 行 部：（010）62174379（传真）（010）62132549
责任编辑：吕允英		（010）62100075（邮购）（010）62173651
责任校对：肖新民		网 址：http://www.oceanpress.com.cn/
责任印制：刘志恒		承 印：北京海洋印刷厂
排 版：海洋计算机图书输出中心 晓阳		版 次：2009 年 11 月第 1 版
出版发行：海洋出版社		2009 年 11 月第 1 次印刷
地 址：北京市海淀区大慧寺路 8 号（705 房间）		开 本：787mm×1092mm 1/16
100081		印 张：15 彩插 2 页
经 销：新华书店		字 数：346 千字
技术支持：（010）62100059		印 数：1～3000 册
		定 价：28.00 元（含 1CD）

本书如有印、装质量问题可与发行部调换

前　言

本书以目前常用的图形图像处理软件 Adobe Photoshop CS3 为蓝本，用丰富的项目设计范例，介绍计算机平面设计的基本知识和操作技能。通过学习和实践，学生能够灵活掌握图形图像处理的基本操作、方法和技巧，为顺利就业打下良好基础。

本书在编排中打破传统教材"重理论、轻实践"和"只讲操作、不讲原理"的编写模式，以"项目教学"和"任务驱动"来构建教材体系，将理论和实践有机地结合起来，充分体现了"以就业为导向，以学生为主体"的指导思想。在内容安排上，每个项目只介绍一种知识或技能以及相关的实训项目。在这里，不求知识点的系统性和完整性，只求知识和技能在学习上的循序渐进。对于程度较好的学生，在"综合实训"中安排了 5 个不同类别共 22 个综合实训项目，供他们进行"实战"能力的训练。

本书各项目尽量贴近生活需要，贴近工作要求。在具体项目的制作过程中，让学生充分感受创作的满足感和成就感，使学生在学习和模仿的过程中勇于创作出具有个性化的作品。

本书各项目组成部分具有如下特点：

- 项目应知和项目应会：让学生明确需要了解的知识点和掌握的操作技能。
- 项目说明：每个项目开始均安排一个针对知识点和操作技能的范例，通过项目说明、设计流程、项目制作等对范例进行详细的分析和设计制作，并在范例完成后，对本范例所涉及的知识做归纳性的总结。
- 知识延伸：对项目内容所涉及的知识点进行详细的讲解。
- 小试牛刀：在具备上述理论知识和操作技能的基础上进行模仿项目范例练习，通过最终效果、设计思路、操作步骤来完成，目的是让学生巩固并加深所学到的知识和技能。
- 综合实训：在完成项目练习的基础上，最后专门安排 5 个不同类别共 22 个实训项目来考察学生的"实战"能力。
- 贴心提示和小技巧：在范例制作和知识讲解的过程中，经常会根据需要适时以"贴心提示"和"小技巧"的形式给学生一些关键性的信息，供学生拓展知识面。

本书可作为中等职业学校计算机相关专业的教学和社会培训用书，也可作为广大平面设计爱好者的自学用书。

本书教学时数为 17 周×6 学时/周=102 学时，根据教学要求和学生的具体情况，建议在机房和多媒体教室进行教学。

本书由赵艳莉主编，行红明、邢彩霞、李保华副主编，参与本书编写的还有王国志、郭华、石翠红，赵艳莉制订了本书的编写大纲并对全书进行了统稿和整理。

由于时间仓促，加上作者水平有限，书中难免存在不足之处，欢迎广大读者批评指正。

编　者

附：　　　　　　　　　　　　**参考教学时数分配表**

教学内容	学时数			
	讲授	实践	机动	总计
项目 1　认识图像及工具	2	2		4
项目 2　选区工具的使用	4	4		8
项目 3　画笔工具的使用	4	4		8
项目 4　图像的修饰	6	4		10
项目 5　填充及渐变工具的使用	4	4		8
项目 6　图层和蒙版的使用	4	4		8
项目 7　文字工具的使用	2	4		6
项目 8　路径和形状工具的使用	4	6	2	12
项目 9　图像模式的转换	4	4		8
项目 10　滤镜的使用	4	6	2	12
项目 11　通道与动作的使用	4	4	2	10
项目 12　图形综合处理	2	6		8
项目 13　综合实训——特效设计	机动	机动	机动	机动
合计	44	52	6	102

注：项目范例和知识延伸部分为讲授内容；小试牛刀、每个项目后练习题及项目 13 为实践内容；如果知识点和技能没有完全掌握好，需要加强，可以利用机动学时，内容自己把握。

目　录

项目 1

认识图像及工具

项目应知

- ☑ 了解图像的种类及其特点
- ☑ 了解色彩属性和颜色模式的概念
- ☑ 了解图像文件的格式
- ☑ 了解 Photoshop CS3 的功能和界面

项目应会

- ☑ 掌握 Photoshop CS3 的界面操作
- ☑ 熟练掌握各类面板的使用
- ☑ 掌握像素与分辨率
- ☑ 掌握 Photoshop CS3 的基本操作

一学就会——像素块组成的照片

项目说明

打开一张数码照片，利用 3 种不同的图像放大方法使图像放大到可以清晰看到像素块。

放大后的图像可以看出是由许多"含有位置和颜色信息的小方形颜色块"组成。每一个颜色块就是一个像素。在固定的区域内，像素块越多，图像越清晰，颜色越鲜艳，即分辨率越高。

图 1-1 为"樱桃"照片放大后的效果，从中可以清楚地看到像素块。

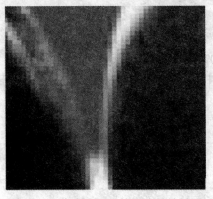

图 1-1 "像素块组成的照片"效果图

设计流程

本项目设计流程如图 1-2 所示。

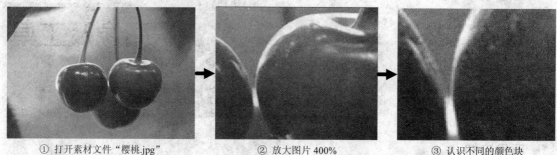

① 打开素材文件"樱桃.jpg"　　　② 放大图片 400%　　　③ 认识不同的颜色块

图 1-2　"像素块组成的照片"设计流程图

项目制作

任务 1　打开"樱桃"图片

操作步骤

1 单击"文件"→"打开"命令，弹出"打开"对话框。

2 选择素材文件"樱桃.jpg"，单击"打开"按钮，打开"樱桃"图片，如图 1-3 所示。

图 1-3　樱桃图片

任务 2　放大照片

操作方法

【方法 1】　按"Ctrl++"键，每按一次图片将在原有大小基础上放大 100%（按"Ctrl+－"键缩小），把图片放大到 800%。

【方法 2】　单击工具栏中的"缩放工具" ⍾，在放大模式下，单击一次放大 100%，把图片放大至 800%。

【方法 3】　在状态栏的显示比例栏内，输入 800，按下回车键即可。如图 1-4 所示。

在此处输入 800 ——　100%　　　　　　文档:770.8K/770.8K　　▶ ◀　　　　　　　　　　　▶

图 1-4　状态栏

★ **提　示**　图片放大的范围最大不超过 1600%。

☞**任务 3** 认识不同的颜色块

将图片由 100%至 1600%的比例进行放大，观察果实部分的变化效果。从图片中可以清楚地看到不同的颜色块。像素块会由小变大，并且越来越清晰地显示出来。

🖋**操作步骤**

1 将图片进行 200%的放大，效果如图 1-5 所示。

2 将图片进行 400%的放大，效果如图 1-6 所示。

图 1-5　200%图片效果

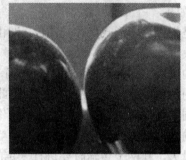
图 1-6　400%图片效果

3 将图片进行 800%的放大，效果如图 1-7 所示。

4 将图片进行 1600%的放大，效果如图 1-8 所示。

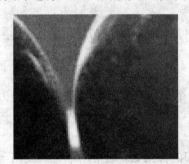
图 1-7　800%图片效果

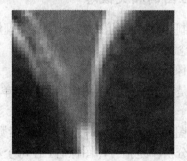
图 1-8　1600%图片效果

归纳总结

☑ 通过"放大工具"可以知道，任何位图都是由像素组成的。

☑ 位图放大到一定程度后，由于像素块过大而使图片失真，故不再有原图片效果。

☑ 图片颜色效果越好，像素块就越多，即图像分辨率越高。譬如一个圆弧，放大之后同样发现其边缘也是由正方形的像素组成的。所以对于位图来说，图像放大后效果会发生很大的变化。但对于矢量图片，即使再放大，它的边缘也是光滑的，不会因为图片放大而变化。

☑ 利用本范例的方法，对图片进行放大处理后，可以对图片实现更精确的操作处理。

🧑‍🔧 知识延伸

1）图像种类

计算机处理的图像可以分为两类，分别是矢量图与位图，不同的计算机软件处理的图像不同。

（1）矢量图

严格讲，矢量图应归为图形，它记录的是所绘对象的几何形状、线条粗细和色彩等，因此，它的文件所占的存储容量很小，如卡通绘画等。

矢量图的优点是不受分辨率的限制，可以将图形进行任意的放大或缩小，而不会影响它的清晰度和光滑度。

矢量图的缺点是不易制作色彩丰富的图像，而且绘制出来的图像也不是很逼真，同时不易在不同的软件间进行交换。

（2）位图

位图是指以点阵形式保存的图像，即由许多像素点组成的图像。该文件容量大，所占的存储空间也大，如数码照片。

位图的优点是弥补了矢量图形的缺陷，可以逼真地表现自然界的景物。由于系统在保存位图时保存的是图像中各点的色彩信息，因此，这种图形画面细腻、逼真，色彩与色调变化丰富，易于在不同软件之间进行交换。主要用于保存各种照片图像。

位图的缺点是图像受分辨率的限制，当放大到一定程度后，图像将变得模糊；同时由于空间占用容量大，在网上传输时要进行一定的处理才能提高传输速度。

Photoshop 软件的主要优点在于该软件具有强大的位图图像处理功能。同时，通过路径的绘制也可绘制矢量对象。

2）位图的相关概念

为了制作高质量的图像，用户必须理解图像资料是如何被测量与显示的，这里主要涉及如下几个概念。

（1）像素（pixel）

像素是组成一幅位图图像的最基本单位，是以一个个含有位置和颜色信息的小方形颜色块存在的。

（2）图像分辨率（ppi，每英寸像素数）

图像分辨率是指打印图像时，在每个单位上打印的像素数，通常用单位长度内一条线由多少个点去描述，即像素/英寸（ppi）来表示。像素数越多，分辨率越高。

分辨率决定图像文件的大小，分辨率提高 1 倍，图像文件将增大 4 倍。存储空间越大，计算机处理起来速度就越慢。

（3）显示器分辨率

在显示器中，每单位长度显示的像素数通常用"点/英寸"（dpi）来表示。显示器的分辨率依赖于显示器尺寸与像素设置，个人电脑显示器的典型分辨率是 96dpi。当图像以 1:1 比例显示时，每个点代表 1 个像素。当图像放大或缩小时系统将以多个点代表 1 个像素。

（4）打印机分辨率

与显示器分辨率类似，打印机分辨率也以"点/英寸"来衡量。如果打印机的分辨率为 300～600dpi 时，则图像的分辨率最好为 72～150ppi；如果打印机的分辨率为 1 200dpi 或更高，则图像分辨率最好为 200～300ppi。

一般情况下，如果图像仅用于显示，可将其分辨率设置为 72ppi 或 96ppi（与显示器分辨率相同）；如果图像用于印刷输出，则应将其分辨率设置为 300ppi 或更高。

3）色彩属性

（1）色相

色相是从物体反射或透过物体传播的颜色。在标准色轮上，按位置度量色相，通常情况下，色相由颜色名称标识，如红色、绿色、黄色等。

（2）色调

色调是指图像整体的明暗度，是搭配色彩的基础，表现为物体最基本的立体感和空间感，共 256 级。若图像亮部像素较多的话，则图像整体看起来较为明快。在原来的色相上加白色可以使明度提高，加黑色可以使暗度提高。

（3）饱和度

饱和度又称彩度，是指颜色的强度与纯度，即色彩的鲜艳程度。饱和度表示色相中灰色分量所占的比例，饱和度为 0 时图像呈现整体灰色。提高饱和度，会使图像的色彩越来越鲜艳。100%被称为完全饱和。

（4）对比度

对比度是指不同颜色之间的相对明暗程度。

4）颜色模式

颜色模式决定了用于显示和打印图像的颜色类型，它决定了如何描述和重现图像的色彩。常见的颜色类型包括 HSB（色相、饱和度、亮度）、RGB（红、绿、蓝）、CMYK（青、洋红、黄、黑）和 Lab 等。故相应的颜色模式也就有 HSB、RGB、CMYK、Lab 等。此外，Photoshop 也包括了用于特别颜色输出的模式，如灰度、索引颜色、双色调等。

（1）RGB 颜色模式

R 表示红色（Red）；G 表示绿色（Green）；B 表示蓝色（Blue）。利用这种基本颜色进行混合，可以配制出绝大部分肉眼能看到的颜色。彩色电视机的显像管以及计算机的显示器，都是以这种方法来混合出各种不同颜色效果的。

RGB 颜色也称 24 位真彩色，它由 3 个颜色通道组成，每个通道使用 8 位颜色信息，该信息是用从 0～255 的亮度值来表示的。

当 R、G、B 数值都为 0 时，混合后的颜色为纯黑色，当 R、G、B 都为 255 时，混合后的颜色为纯白色。

★ **小技巧**　RGB 是 Photoshop 中最常用的颜色模式，每一种色彩最小值为 0，最大值为 255，所以 RGB 颜色模式共有 256×256×256 种颜色。

（2）CMYK 颜色模式

C 表示青色（Cyan）；M 表示洋红色（Magenta），也称品红；Y 表示黄色（Yellow）；K 表示黑色（Black）。

CMYK 颜色模式是一种印刷模式，该颜色模式对应的是印刷用的 4 种油墨颜色。其中，将青色、洋红色、黄色 3 种颜色混合在一起，将产生黑色但有杂色的斑点。为了使印刷品为纯黑色，便将黑色并入了印刷色中，以表现纯黑的黑色，还可以借此减少其他油墨的使用量。

C、M、Y、K 的数值范围是 0～100，当 C、M、Y、K 数值都为 0 时，混合后的颜色为纯白色，当 C、M、Y、K 都为 100 时，混合后的颜色为纯黑色。

CMYK 模式在本质上与 RGB 模式没有什么区别，只是产生色彩的原理不同，RGB 产生颜色的方法称为加色法，而 CMYK 产生颜色的方法称为减色法。

★ 小技巧　在处理图像时，一般不采用 CMYK 模式，因为这种模式的图像文件占用的存储空间较大。此外，在这种模式下，Photoshop 提供的很多滤镜都不能使用。因此，人们只在印刷时才将图像颜色模式转换为 CMYK 模式。

（3）Lab 颜色模式

Lab 颜色模式是以一个亮度分量 L（Lightness）和两个颜色分量 a 和 b 来表示颜色的。其中 L 的取值范围为 0～100，a 分量代表由深绿—灰—粉红的颜色变化，b 分量代表由亮蓝—灰—焦黄的颜色变化，a 和 b 的取值范围均为-120～120。

★ 提示　Lab 模式在所有颜色模式中包含的色彩范围最广，因此可用于色彩转换中的中间模式，以使颜色信息不丢失。

（4）索引颜色模式

索引颜色模式又称图像映像色彩模式，这种颜色模式的像素只有 8 位，即图像只有 256 种颜色。这种颜色模式可极大地减小图像文件的存储空间，因此常用于网页图像与多媒体图像，以提高网上传输速度。

（5）灰度模式

灰度模式的图像中只有 256 级灰度信息而没有彩色，Photoshop 将灰度图像看成只有一种颜色通道的数字图像。

5）图像文件格式

图像文件格式是指计算机中存储图像文件的方法，不同的图像文件格式用不同的方式代表图像信息，即是作为矢量图形还是位图图像存在，以及色彩数和压缩程度等。

Photoshop CS3 提供了多种图像文件格式用于图像的输入输出，每一种格式都有其特点和用途。在选择输出的图像文件格式时，要考虑图像的应用目的和图像文件格式对图像数据类型的要求。

（1）PSD 格式

PSD 是 Photoshop 特有的图像文件格式，支持 Photoshop 中所有的图像类型。它可以将所编辑的图像文件中的所有有关图层和通道的信息记录下来，因此在编辑图像的过程中，通常将文件保存为 PSD 格式，以便重新读取需要的信息。但 PSD 格式的图像文件很少被其他软件和工具所支持，因此在图像制作完成后需要转换为通用的图像格式以便输出到其他软件中使用。

★ 提示　用 PSD 格式保存图像时，若图像没有经过压缩，尤其是当图层较多时，会占用很大的硬盘空间。

（2）BMP 格式

BMP 格式是 Windows 下标准的图像格式，该格式支持 RGB、索引色、灰度和位图色彩模式，但不支持 Alpha 通道。彩色图像存储为 BMP 格式时，每一个像素所占的位数可以是 1 位、4 位、16 位和 32 位，相对应的颜色数是从黑白一直到真彩色。

★ 小技巧　对于使用 BMP 格式的 4bit 和 8bit 图像，可以指定采用 RLE 压缩，这种格式在个人计算机上应用非常普遍。

（3）JPEG 或 JPG 格式

JPEG 格式是在互联网及其联机服务器上常用的一种压缩文件的格式，其压缩率是目前各种图像格式中最高的一个。JPEG 格式支持 CMYK、RGB 和灰度颜色模式，但不支持 Alpha 通道。与 GIF 格式不同，JPEG 保留 RGB 图像中的所有颜色信息，但通过有选择地扔掉数据来压缩文件的大小。它常用于显示 HTML 文档中连续色调的图像以及图片的预览。

JPEG 格式的图像在打开的时候会自动解压缩。压缩级别越高，得到的图像品质越低；压缩级别越低，得到的图像品质越高。

（4）GIF 格式

GIF 格式是在互联网及其联机服务器上常用的一种 LZW 压缩文件格式，是在网页上产生动画效果的常用方式。GIF 格式的图像能保存 256 种颜色，并保留索引颜色图像中的透明度，但不支持 Alpha 通道。它用于显示 HTML 文档中的索引颜色图形和图像以及其他的通信领域。

（5）PDF 格式

PDF 格式是一种专为在线出版制定的一种灵活、跨平台、跨应用程序的文件格式。PDF文件能精确地显示并保留字体、页面版式以及矢量和位图图形，还可以包含电子文档的搜索和导航功能，如电子链接等。

PDF 格式支持 RGB、CMYK、灰度、位图、索引颜色和 Lab 颜色模式，支持通道、图层等信息，支持用 JPEG 和 ZIP 的压缩格式。

（6）PNG 格式

PNG 格式可用于网络图像，它保存了 24 位真彩色图像，并且具有支持透明背景和消除锯齿边缘的功能，可以在不失真的情况下压缩保存图像，保存的文件较大。PNG 格式的图像文件在 RGB 和灰度模式下支持 Alpha 通道，但是在位图和索引颜色模式下不支持 Alpha 通道。

6）Photoshop CS3 的启动和退出

（1）启动 Photoshop CS3

当 Photoshop CS3 安装完成后，就会在 Windows XP 的"开始"→"程序"子菜单中建立"Adobe Photoshop CS3"菜单项。单击"开始"→"程序"→"Adobe Photoshop CS3"命令，或者双击桌面上和任务栏中的"Photoshop CS3"快捷图标，即可启动 Photoshop CS3 应用程序，如图 1-9 所示。

（2）退出 Photoshop CS3

退出 Photoshop CS3 的方法有以下 4 种。

【方法 1】 单击 Photoshop CS3 窗口右侧的"关闭按钮"。

【方法 2】 双击标题栏左侧的"控制窗口"图标。

图 1-9　启动　Photoshop CS3

【方法 3】 在 Photoshop CS3 窗口中，执行"文件"→"退出"命令。

【方法 4】 按下快捷键"Ctrl+Q"或者组合键"Alt+F4"。

7）Photoshop CS3 的操作界面

启动 Photoshop CS3 以后，即会进入如图 1-10 所示的操作界面。可以看到 Photoshop CS3 的操作界面主要包括"标题栏"、"菜单栏"、"工具选项栏"、"工具箱"、"图像窗口"、"工作区"、"面板"和"状态栏"等。

图 1-10　Photoshop CS3 操作界面

（1）菜单栏

和其他应用软件（如 Word）一样，Photoshop 也包括一个提供主要功能的主菜单。要打开某项主菜单，既可使用鼠标单击该菜单项，也可以同时按 Alt 键和菜单名中带下画线的字母键。例如，要选择"图层"主菜单下的"新建填充图层"命令，可以按 Alt+L+W 组合键。Photoshop CS3 的菜单栏如图 1-11 所示。

图 1-11　Photoshop CS3 的菜单栏

★ 提示　如果菜单后面跟有"…"或"▶"符号，说明单击该菜单会出现对话框或跟有子菜单。

（2）工具箱

工具箱中存放 Photoshop CS3 软件常用的各个工具，使用时只需单击该工具即可。工具右下方有小三角的说明此工具下还有隐藏工具，把光标移到工具上单击右键可显示隐藏工具。工具栏可通过"窗口"菜单下的"工具"命令来调出或隐藏。如图 1-12 所示是工具箱中的所有工具。

★ 小技巧　按 Tab 键可隐藏或调出工具箱和面板。

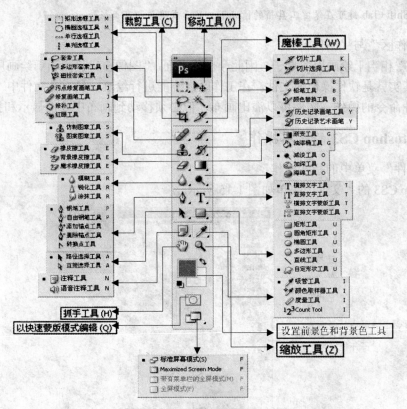

图 1-12   工具箱中的所有工具

（3）工具选项栏

"工具选项栏"是对工具箱中工具应用的延伸与加强，它会随选用工具的变化而变化。工具选项栏的主要功能是对使用某工具时具体参数的设定与调整。

图 1-13 所示是"钢笔工具"的工具选项栏内容。

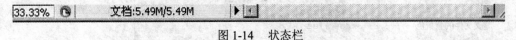

图 1-13   "钢笔工具"的工具选项栏

（4）状态栏

状态栏位于图像窗口的底部，它由 3 部分组成，图 1-14 为打开的图像文件的状态栏。最左侧区域用于显示图像的显示比例；中间区域用于显示图像文件的大小。单击小三角按钮可在弹出的菜单中选择需要显示的图像文件信息。

| 33.33% | 文档:5.49M/5.49M | ▶ ◀ | ▶ |

图 1-14   状态栏

（5）面板

面板是 Photoshop CS3 中一个很有特色的功能，用户可利用面板导航显示来观察编辑信息，选择颜色，管理图层、通道、路径、历史记录和动作等。

Photoshop 一共为用户提供了 20 个面板，分别组合放置在 5 个面板窗口中，用户可以任意分离、移动和组合面板。要调出或隐藏某个面板可以通过"窗口"菜单来实现。

★小技巧　按 Shift+Tab 键可在保留工具箱的情况下，显示或隐藏所有面板。

（6）"工作区"与"图像窗口"

"工作区"相当于绘画用的桌子，因此，也称桌面。"图像窗口"相当于绘画用的纸或布，也称画布。其实就是软件操作的文件。在工作区内不能进行绘画，只有在文件中（即画布上）才能进行各种命令的操作。文件可以溢出画布，但必须移动到画布中才能显示和打印出来。

8）Photoshop CS3 的基本操作

（1）"文件"菜单中的基本操作

Photoshop CS3 的"文件"菜单如图 1-15 所示。

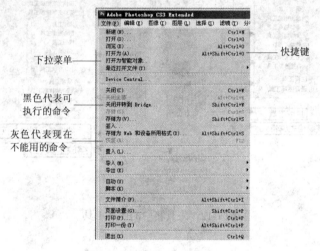

图 1-15 "文件"菜单

文件菜单说明如下。

● "新建"：若要新建文件，单击该命令，会出现如图 1-16 所示的"新建"对话框。

在"新建"对话框内，可以对新建文件进行命名，预设新建文件的大小，设定新建文件的分辨率、颜色模式、新建文件的背景色（有 3 种背景色可选择：白色、背景色、透明）等。

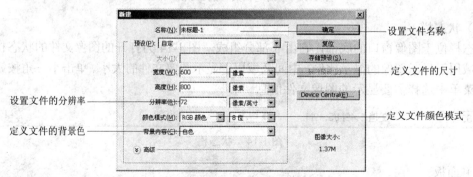

图 1-16 "新建"对话框

● "打开"："打开"命令可以直接打开 PSD、JPG、BMP、TIF 等格式的文件；也可以通过左键双击桌面，在弹出对话框中选择需要打开的文件，通过"缩放"命令把文件缩放为自己需要的大小。

★ 提示　可按 Ctrl 键一次打开多个文件。

- "存储"：单击"存储"命令时，若是第一次可以把文件放在选择的文件夹下，也可以选择格式，默认文件为 PSD 格式。第二次保存时默认保存在第一次保存的位置。
- "存储为"：把正在操作的文件另外存放在其他地方或存储为其他格式。
- "导入"：可用来导入数码相机、扫描仪等外部设备上的图片。

（2）"视图"菜单

Photoshop 的"视图"菜单如图 1-17 所示，菜单项说明如下。

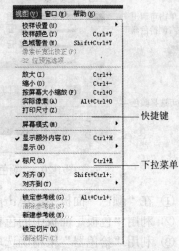

- "放大"：可以使图片放大一倍。
- "缩小"：可以使图片缩小一倍。
- "按屏幕大小缩放"：可以使图片缩放为最合适的比例完整显示。
- "实际像素"：使图像以 100%的比例显示。
- "打印尺寸"：使图像以实际打印尺寸显示。
- "显示"：可以显示或隐藏网格和参考线等内容。
- "标尺"：可以显示或隐藏标尺。单击标尺并用鼠标拖动即可拖出贯穿文件的水平或垂直的参考线。

图 1-17　视图菜单

★ 提示　标尺的单位一般为 cm，用户可以通过"编辑"菜单下的"首选项"命令中的"单位与标尺"选项设置其他单位，如英寸、像素等。

利用标尺、网格和参考线，可以精确地作图。标尺、网格和参考线在打印时是不显示的，它们的主要作用就是精确定位，通过"视图"菜单下"对齐到"命令，可打开与关闭参考线、网格、文件边缘等的捕捉。

图 1-18 所示是一个封面设计基础的参考线设计，红线为参考线，绿色为网格。

- "新建参考线"：可以精确在文件的水平或垂直的某个位置显示参考线。精确设置新参考线的对话框如图 1-19 所示。

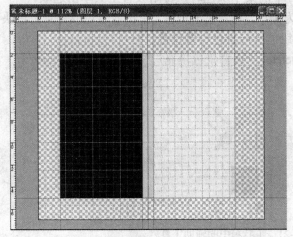

图 1-18　封面设计参考线

图 1-19　"新建参考线"对话框

11

（3）"颜色"面板

Photoshop 的"颜色"面板如图 1-20 所示。利用"颜色"面板，可以轻松地设置前景色与背景色。

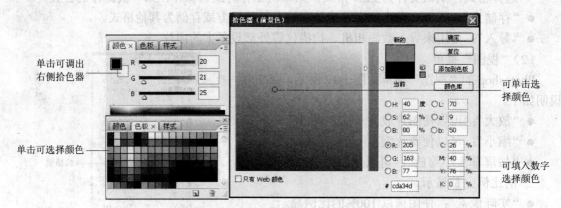

图 1-20 "颜色"面板、"色板"面板及"拾色器"对话框

① 在"颜色"面板中，单击前景色或背景色颜色框，通过拖动滑块来调整。

② 利用"色板"面板中的色样直接选取颜色。

③ 利用"拾色器"来精确选取颜色。

④ 利用"吸管工具"来选取图像中的某一种颜色。

★ 提 示 单击"颜色"面板中的前景色或背景色可以调出"拾色器"，以选取多种比较复杂的颜色。"拾色器"中的颜色可以通过输入数值确定也可以单击选取。

★ 小练习 在"拾色器"中把 RGB 分别填入 0 或 255 看会出现什么颜色？把 CMYK 分别填入 0 或 100 看会出现什么颜色？

（4）工具箱中的辅助工具与颜色填充

辅助工具说明如下。

● 🖐："抓手工具"。当图片的大小已超过画布时，可用抓手工具移动图片。

● 🖋："吸管工具"。当需要图片中的某个颜色时，可用吸管工具单击选取。

新建文件后，图像默认的前景色为黑色，背景色为白色，单击前景色或背景色色块可调出拾色器设置颜色。也可以通过互换按钮调换前景色与背景色。

"用前景色填充"快捷键：Alt+Delete；"用背景色填充"快捷键：Ctrl+Delete。

各辅助工具按钮如图 1-21 所示。

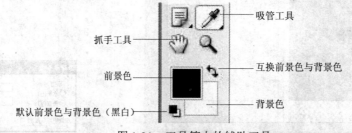

图 1-21 工具箱中的辅助工具

小试牛刀——打开图片认识像素

最终效果

制作完成的最终效果如图 1-22 所示。

图 1-22　草莓被放大 400%后的效果

设计思路

① 打开素材文件"草莓.jpg"。

② 把图像分别放大 200%与 400%。

③ 用"抓手工具"找出不同颜色的像素块。

操作步骤

1 打开素材文件"草莓.jpg",如图 1-23 所示。

2 用快捷键 Ctrl++或"缩放工具"将图片放大 200%,如图 1-24 所示。

3 用快捷键 Ctrl++或"缩放工具"将图片放大 400%,如图 1-25 所示。

图 1-23　草莓原图　　　　图 1-24　草莓被放大 200%后的效果　　　图 1-25　草莓被放大 400%后的效果

思考与练习

1）思考

（1）一个像素是否只有一种颜色?

（2）被缩小后的图片的像素块是否变小了?

（3）如何知道一个图片的大小与分辨率?

2）练习

从网上下载几幅图片,并判断它是否属于位图。

项目 **2**

选区工具的使用

项目应知

- ☑ 了解选区工具的分类和功能
- ☑ 了解移动工具的功能
- ☑ 了解套索工具和魔棒工具的功能

项目应会

- ☑ 掌握利用选区工具和前景色、背景色绘制简单图形的方法
- ☑ 掌握选区工具的加、减、交选区的运用
- ☑ 掌握移动工具定界框的操作步骤
- ☑ 熟练掌握选区的基本操作
- ☑ 熟练掌握选区图像的基本操作

一学就会——卡通电视

项目说明

利用 Photoshop 的"选区工具",可以绘制简单幽默的图画。本项目在创作过程中,运用"选区工具"绘制卡通形式的电视机,主要是学会选区的增加和减少,以及描边命令的使用。在绘图时注意使用前景色和背景色的设置方法,以及为整幅图画设置合适的颜色。

本项目效果如图 2-1 所示。

图 2-1 "卡通电视"效果图

设计流程

本项目设计流程如图 2-2 所示。

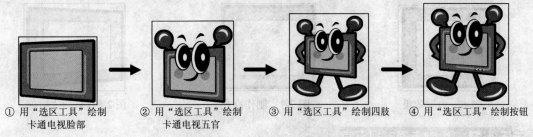

① 用"选区工具"绘制　　② 用"选区工具"绘制　　③ 用"选区工具"绘制四肢　　④ 用"选区工具"绘制按钮
　卡通电视脸部　　　　　卡通电视五官

图 2-2　"卡通电视"设计流程图

项目制作

任务 1　绘制卡通电视脸部

操作步骤

1 按"Ctrl＋N"，打开"新建"对话框，设置"宽度"为 15cm，"高度"为 15cm，"分辨率"为 150ppi，其他为默认值，单击"确定"按钮。

2 单击"图层"面板下的"创建新图层"按钮 ，新建一个名为"显示器"的图层。单击"矩形选框工具" ，将前景色设置为橙色，按"Alt+Delete"键，填充前景色，效果如图 2-3 所示。

3 新建名为"显示器边框"的图层，选择"编辑"→"描边"命令，打开"描边"对话框，将描边颜色设为黑色，宽度为 15 像素，单击"确定"按钮，按"Ctrl+D"取消选区，效果如图 2-4 所示。

4 执行"选择"→"修改"→"收缩"命令，打开"收缩选区"对话框，如图 2-5 所示，设置"收缩量"为 100 像素，单击"确定"按钮。

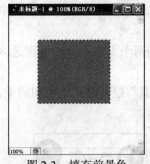

图 2-3　填充前景色　　　　　图 2-4　描边效果　　　　　图 2-5　"收缩选区"对话框

5 设置前景色为黄色并填充选区，得到内屏幕。选择"编辑"→"描边"命令，打开"描边"对话框，设置"宽度"为 10 像素，"颜色"为黑色，制作出内屏幕边框图形，效果如图 2-6 所示。

6 新建名为"显示器高光"图层。单击"矩形选框工具"，绘制矩形并描黄色边，取消选区，删除部分图形，效果如图 2-7 所示。

7 隐藏"背景层"，合并其他所有图层，生成新的图层，将其命名为"脸部"。

8 按"Ctrl+T"打开任意变换框，在变换框中单击鼠标右键，在弹出的菜单中选择"斜切"，按住"Ctrl"键，分别拖拽图形左上方的控制点和左下方的控制点到适当的位置，按回车键确定操作，效果如图 2-8 所示。

图 2-6　内屏效果　　　　　　　图 2-7　制作高光　　　　　　图 2-8　斜切"脸部"

任务 2　绘制卡通电视五官

操作步骤

1 新建名为"耳朵"的图层。单击"椭圆选框工具" 　，绘制椭圆，在选项栏中单击"添加到选区"按钮 　，然后单击"多边形套索工具" 　，在椭圆选区上添加选区，效果如图 2-9 所示。

2 设置前景色为绿色，填充选区并描边，描边"宽度"为 15 像素，效果如图 2-10 所示。

3 单击"椭圆选框工具" 　，绘制椭圆，单击选项栏"从选区里减去"按钮 　，绘制椭圆，得到月牙形的高光，填充白色，效果如图 2-11 所示。

图 2-9　添加选区　　　　　　图 2-10　描边效果　　　　　　图 2-11　绘制高光

4 复制"耳朵"图层，生成"耳朵副本"图层。单击"移动工具" 　，拖拽复制的图形到适当的位置，按"Ctrl+T"，打开变换框，在变换框中单击鼠标右键，在弹出的快捷菜单中选择"水平翻转"，调整图层顺序，效果如图 2-12 所示。

5 新建名为"眼睛"的图层。单击"椭圆选框工具" 　，绘制两个大小不等的椭圆选区并填充黑色，效果如图 2-13 所示。

6 单击选项栏的"从选区里减去"按钮 　，利用"椭圆选框工具"绘制眼白、嘴和眉毛，绘制小椭圆填充白色做瞳孔，填充粉色做脸颊。效果如图 2-14 所示。

图 2-12　复制耳朵　　　　　　图 2-13　绘制眼睛　　　　　图 2-14　嘴、眉毛和脸颊

任务 3　绘制卡通电视四肢

操作步骤

1 新建名为"左手"的图层。单击"多边形套索工具" 　，绘制左手并填充橙色，效果如图 2-15 所示，将该选区进行 15 像素的黑色描边，效果如图 2-16 所示。

2 复制"左手"图层，生成新的图层并命名为"右手"。选择"移动工具" ，拖曳复制的图形到适当的位置。按"Ctrl+T"，打开变换框，在变换框中单击鼠标右键，在弹出的菜单中选择"水平翻转"，按回车确认操作，效果如图2-17所示。

图2-15 绘制左手

图2-16 描边效果

图2-17 复制右手

3 新建"左脚"图层，采用绘制耳朵的方法绘制左脚，效果如图2-18所示。复制"左脚"图层并移动到合适位置，然后执行"编辑"→"变换"→"水平翻转"命令获得右脚，效果如图2-19所示。

图2-18 绘制左脚

图2-19 获得右脚

👉 **任务 4　绘制卡通电视按钮**

🖱 **操作步骤**

新建名为"按钮"的图层。单击"椭圆工具" ，绘制椭圆，效果如图2-20所示。选择【样式】面板中的【斜边】样式，如图2-21所示，为椭圆增加斜边效果，如图2-22所示。

图2-20 绘制按钮

图2-21 样式面板

图2-22 按钮效果

归纳总结

☑ "选区工具"中，可以通过加、减、交选区来形成一些不规则的选区。"移动工具"使用过程中，可以通过快捷键的结合在移动的同时复制。

☑ 利用本项目中所学的"选区工具"的使用方法，可以模拟出现实生活中各种有趣的图画，从而利用 Photoshop 创作出不同风格的作品。

知识延伸

1）选区组工具

通常情况下，在 Photoshop 中进行图像编辑时，各种编辑操作只对当前选区内的图像区域有效。例如，想使用图片的某一部分，就需要将该部分制作成选区，然后按要求进行处理。

（1）选框工具

选框工具包括"矩形选框工具"、"椭圆选框工具"、"单行选框工具"和"单列选框工具"。使用选框工具可以通过拖拉创建矩形选区、椭圆形选区以及单像素的单行或单列选区，选区是用虚线框表现出来的。单行和单列选框工具可以在画面上选取宽度固定为 1 像素的选区，其长度与宽度不能设置，此选区会形成贯通文件长宽的一条单像素线选区。选区形成之后可以通过键盘上的四个方向键进行移动。

★**小技巧** 在拖拉时按 Shift 可以画正形，Alt+ Shift 可以中心点画正形。画完一个选区后，按 Shift 可以在原来的选区上加上一个新选区并形成一个大的选区，按 Alt 可以在原来的选区上减去一个选区，Shift +Alt 可以画与原有选区相交的新选区。

选框工具选项栏如图 2-23 所示。

图 2-23　选框工具选项栏

选框工具主要选项说明如下。

① 在选框工具的选项栏中有"新选区"、"添加到选区"、"从选区减去"、"与选区交叉"等图标按钮，单击某一个按钮并配合选框工具可以进行选区的新建、相加、相减、相交等操作，如图 2-24 所示。

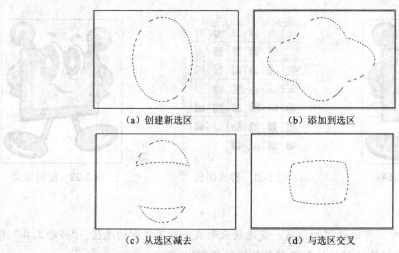

（a）创建新选区　　　　　　（b）添加到选区

（c）从选区减去　　　　　　（d）与选区交叉

图 2-24　与选区有关的操作

② "羽化"是通过建立选区与选区周围像素之间的过渡边界来模糊边缘，该模糊边缘将丢失选区边缘的一些细节。在给选区上色时会出现象羽毛一样的虚化过渡。可以在使用工具时为选框、套索等工具定义羽化，或者将羽化添加到现有选区。在移动、剪切、填充选区时，羽化效果非常明显。图 2-25 是没有羽化和羽化值为 30 的选区在填充颜色后的不同效果。

（a）没有羽化 （b）羽化值为 30

图 2-25 羽化效果对比

★ 提 示 如果选区小而羽化半径大，则小选区可能变得很模糊，以至于看不到而不可选。如果出现"任何像素都不大于 50%选择，选区边缘不可见"信息，应减小羽化半径或增大选区大小，或单击"好"按钮接受蒙版当前的设置并创建看不到边缘的选区。

③ "消除锯齿"是通过软化边缘像素与背景像素之间的颜色转换，使选区的锯齿状边缘平滑。由于只更改边缘像素，因此无细节丢失。消除锯齿在剪切、复制和粘贴选区以及创建复合图像时非常有用。图 2-26 为是否勾选"消除锯齿"的效果图。

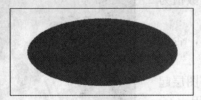 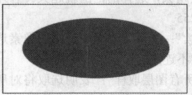

（a）未勾选消除锯齿 （b）勾选消除锯齿

图 2-26 "消除锯齿"效果对比

④ "样式"中有"正常"、"固定长宽比"和"固定大小" 3 个选项，可使画出的矩形、椭圆形选区通过拖移确定选区的比例大小、固定其长宽的比例或指定选区的高度和宽度值。

（2）套索工具组

套索工具也是 Photoshop 中常用的选区工具，它既可以用来创建不规则的选区也可以通过快速选择边缘与背景对比强烈且边缘复杂的对象来创建选区。套索工具组包括"套索工具" 、"多边形套索工具" 与"磁性套索工具" ，它在抠图技术中应用广泛。各工具说明如下。

● ：" 套索工具"。可以利用"套索工具"制作不规则区域。可用鼠标在画布上拖拉出任意形状，松开鼠标时就会自动形成封闭的选区。

● ："多边形套索工具"。可以制作不规则的多边形形状。在画面上单击形成起点，移动鼠标到想要的位置再单击，两个点之间就会形成一条直线，当终点和起点重合时，工具图标的右下角会出现一个句号表示可以封闭，单击鼠标就可以形成一个多边形选区。也可以在最后一点双击自动形成封闭。在移动鼠标时按 Shift 可画 45°倍数的直线。

● ⌐：“磁性套索工具”。在图像上单击确定起点，然后在移动鼠标时可以自动捕捉物体的边缘作为选区。但是这样的点击往往不准确，它适用于颜色对比明显的图像。如图 2-27 所示，由于君子兰与周围颜色差距较大，因此可以用“磁性套索工具”制作选区。

图 2-27　用磁性套索工具制作选区

★ 提示　磁性套索选项栏中的“宽度”指检索的距离范围；“边对比度”用来定义对边缘的敏感程度；“频率”定义工具生成固定点的多少。

（3）魔棒工具

魔棒工具是 Photoshop 中另外一种使用频率较高的选区工具，它可以根据颜色在图像中创建与某点颜色一致或相近的选区，使用非常方便。

“魔棒工具”※ 是以点击点的像素颜色为基准色来选取相近似的颜色范围为选区。

魔棒工具选项栏如图 2-28 所示。

图 2-28　魔棒工具选项栏

说明如下。

● “容差”：表示可允许的相邻像素间的近似程度，容差越大，选择的范围就越大。容差的数值为 0～255。

● “连续”：表示将图像中连续的像素选中，否则可将不连续的像素也一并选中。

● “对所有图层取样”：表明选取将对所有图层起作用，不选此项目将只对当前图层起作用。

对图例“女孩”，选取女孩轮廓就可以用“魔棒工具”选取，效果如图 2-29 所示。

图 2-29　用魔棒选取的区域

2）选区的基本操作

当一个选区建立以后，如果用户对选区的位置和大小不满意，可以通过移动、修改、变换等操作对选区进行基本的操作。

（1）选区的移动、隐藏、取消

① 选区的移动

要想移动选区，当前的工具必须是选区工具，如果是移动工具，那么移动的将不是选区而是选区内的图像了。

当选区建立好以后，将鼠标移动到选区内，如果光标变成三角形状，此时按住鼠标左键不放并拖动鼠标就可以移动选区了。如图 2-30 所示为选区移动前后的效果。

用鼠标移动选区虽然灵活，但不能够准确的将选区移动到指定的位置，如果结合使用键盘上的方向键↑、↓、←、→就可以精确移动选区了。一般情况下，每按一次方向键可以移动一个像素的距离。

图 2-30　选区移动前后的效果

★ **小技巧**　如果在使用鼠标移动的过程中，按下 Shift 键不放，将会使选区按照水平、垂直和 45°斜线方向移动；在按下 Shift 键的同时，每按一次方向键将会移动 10 个像素的距离。如果按下 Ctrl 键移动选区，将会移动选区内的图像。

② 选区的隐藏

建立选区后，选区的边缘将会出现闪动的虚线。为了便于查看图像的实际效果，有时需要隐藏选区。特别是在使用了滤镜效果以后，经常要用到隐藏选区的操作。

单击"视图"→"显示"→"选区边缘"命令，或者按下 Ctrl+H 组合键即可将选区隐藏。当再一次按下 Ctrl+H 组合键又可以重新显示选区了。

★ **提示**　当用户重新建立选区后，原来的隐藏或者没有隐藏的选区就都不存在了。

③ 选区的取消

如果对选区不满意，可以取消选区。具体的方法是：单击"选择"→"取消选择"命令；或者在选区内单击鼠标右键，在弹出的快捷菜单中选择"取消选择"；也可以按下 Ctrl+D 快捷键。

（2）选区的反选和羽化

① 选区的反选

选区的反选就是将当前的选区与非选区进行互换，即选择选区图像中相反的范围为新的选区。要进行选区的反选，可以通过单击"选择"→"反向"命令或者按下 Ctrl+Shift+I 快捷键。图 2-31 为将选区反选前后的效果。

图 2-31　选区反选前后的效果

② 选区的羽化

羽化选区是通过扩展选区的轮廓来达到模糊边缘的柔和效果。羽化半径越大，羽化的效果就越明显。

用户除了可以在使用选框工具和套索工具时定义羽化，还可以在建立选区后将羽化效果添加到现有的选区中。方法是单击"选择"→"羽化"命令或者按下 Alt+Ctrl+D 组合键，打开"羽化选区"对话框，如图 2-32 所示，在此输入羽化半径值。

图 2-32　羽化选区对话框

★ 提 示　羽化半径的有效范围为 1~250 像素。羽化在移动、剪切、复制、填充选区时效果显著，但会丢失选区边缘的一些细节。

（3）选区的修改

修改选区可以通过单击"选择"→"修改"子菜单中的各个菜单项进行，还可以通过单击"选择"→"变换选区"命令进行，如图 2-33 所示。

修改子菜单说明如下。

● 边界：当建立选区后，单击"选择"→"修改"→"边界"命令，打开"边界选区"对话框，如图 2-34 所示，在此确定扩边的宽度。

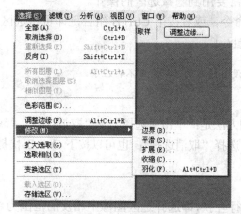

图 2-33　选择菜单

图 2-34　边界选区对话框

★ 提 示　扩边宽度的有效范围为 1~64 像素。利用扩大选区边界的操作可以建立带状或环形的选区，图 2-35 为建立矩形选区后，将选区扩边 20 像素，然后将选区内的图像删除的效果图。

图 2-35　扩大选区边界的效果

● 平滑：当建立选区后，单击"选择"→"修改"→"平滑"命令，打开"平滑选区"对话框，如图 2-36 所示。在此确定取样半径的值。

★ **提 示** 平滑选区主要用于平滑使用魔棒工具建立的选区。当设置的"容差"数值比较小时，使用魔棒工具建立的选区的边缘会很不连续，而且有时还会出现零星的像素在主选区的外边，此时使用平滑选区操作可以使选区变得连续而且平滑。

- 扩展：扩展选区是将原选区的半径增大以建立新的选区，具体方法有 3 种。

【方法 1】 单击"选择"→"修改"→"扩展"命令，打开"扩展选区"对话框，如图 2-37 所示。在"扩展量"文本框中确定需要增大的像素点的数值。

【方法 2】 单击"选择"→"扩大选取"命令，将会扩选与原有选区相邻并且颜色相近的区域。颜色相近的程度可通过当前"魔棒工具"的工具栏中的"容差"值来确定。

【方法 3】 单击"选择"→"选取相似"命令来扩大选区，其操作类似于"扩大选取"，不同的是其扩大的范围不限于与原选区相邻的区域，而是整个图像。

- 收缩：当一个选区建立以后，可以缩小其范围。方法是单击"选择"→"修改"→"收缩"命令，打开"收缩选区"对话框，如图 2-38 所示。在"收缩量"文本框中确定需要收缩的像素点的数值。

图 2-36　平滑选区对话框

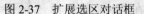
图 2-37　扩展选区对话框

图 2-38　收缩选区对话框

（4）选区的变换

变换选区是对所建立的选区进行自由变换，其对象不是选区内的图像而是选区本身。可以通过单击"选择"→"变换选区"命令来完成。

使用该命令即可进入选区的自由变换状态，此时用户可以任意地改变选区的位置、大小和角度。效果如图 2-39 所示。

图 2-39　变换选区的效果

① 移动选区：当鼠标位于选区定界框之内时，光标为 ▶ 形状，此时按住鼠标左键不放然后拖动鼠标就可以移动选区。

② 改变选区大小：当鼠标位于选区定界框的控制柄上时，光标为 ↕ 形状，此时按住鼠标左键不放进行拖动就可以变换选区的大小。如果在拖动定界框的控制柄时按住 Shift 键，则可以按照固定的宽高比例缩放选区的大小。

③ 旋转选区：当鼠标位于选区定界框之外时，光标为双向弯曲形状，此时按住鼠标左键沿顺时针或逆时针方向拖动就可以旋转选区。

另外，当选区进入自由变换状态以后，选择"编辑"→"变换"子菜单中的各个菜单项，（见图 2-40），或者在图像窗口中单击右键，在弹出的快捷菜单中选择其中的各个菜单命令，也可以按照一定的规则对选区进行变换，如图 2-41 所示。

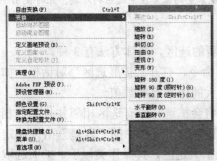

图 2-40　编辑菜单中的变换子菜单

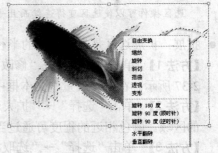

图 2-41　自由变换状态下的图像快捷菜单

★ **提 示**　如果对变换结果满意，单击工具栏中的"提交"按钮 或者按下 Enter 键确认；如果不满意，单击
工具栏中的"取消"按钮 或者按下 Esc 键取消。另外，用户还可以通过工具栏来控制选区的变换。

（5）选区的存储和载入

① 存储选区：对于所建立的选区，为方便以后重复使用，用户可以将它们保存起来。方法是单击"选择"→"存储选区"命令，打开"存储选区"对话框，如图 2-42 所示。在该对话框中设置相关的参数。

- "文档"：用来设置保存选区的文件位置，默认状态为当前图像文件。
- "通道"：用来为保存的选区选取一个目的通道，默认状态为"新建"。

图 2-42　存储选区对话框

- "名称"：用来设置新通道的名称，该项只有在"通道"下拉列表框中选择"新建"时才有效。
- "操作"：默认状态为选中"新通道"单选按钮，其他 3 个单选按钮只有在"通道"下拉列表框中选择了 Alpha 通道时才有效。

保存好的选区在"通道"面板中可以看到，如图 2-43 所示。

② 载入选区：对于保存好的选区，如果想再一次使用则必须载入选区。方法是单击"选择"→"载入选区"命令，打开"载入选区"对话框，如图 2-44 所示。在该对话框中设置相关的参数。

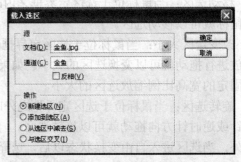

图 2-43　通道面板中的选区

图 2-44　载入选区对话框

- "文档"：用来确定载入选区的文件位置。
- "通道"：用来确定载入选区的通道名称。
- "反相"：用来将载入的选区反选。
- "新建选区"：用载入的选区替代原来的选区。
- "添加到选区"：将载入的选区添加到原有的选区中。
- "从选区中减去"：使载入的选区与原有的选区相减。
- "与选区交叉"：将载入的选区与原有选区交叉以获得新选区。

（6）选区的填充和描边

选区的填充和描边操作虽然不是使用绘图工具来完成的，但也是经常使用的绘图操作。

① 选区的填充：填充选区操作可以通过单击"编辑"→"填充"命令或者按下 Shift+F5 快捷键，打开"填充"对话框，如图 2-45 所示。

填充对话框的各个选项功能如下。

- "内容"：用来设置填充内容。
- "使用"：用来选择填充的内容。

★ 提 示 "自定图案"下拉列表框用来选择一种预设图案或自定义图案填充。单击列表框右侧的按钮将打开 "图案"拾色器，如图 2-46 所示。此项只有在"使用"下拉列表框中选择了"图案"选项才可用。

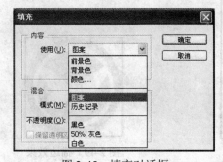

图 2-45 填充对话框

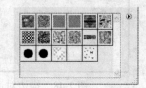

图 2-46 图案拾色器

- "混合"：用来选择填充操作的混合选项。
- "模式"：用来设置填充操作的颜色混合模式。
- "不透明度"：用来设置填充内容的不透明度。
- "保留透明区域"：用来保证不在图像的透明部分填入颜色。此复选框只在对普通图层 进行填充操作时才可用。

图 2-47 为在选区内填充前景色的效果图。

图 2-47 在选区内填充前景色

★ 提 示　如果想要以 100%不透明度快速地填充前景色，则可按下 Alt+Delete 或者 Alt+Backspace 组合键。同理，如果想要以 100%不透明度快速地填充背景色，则可按下 Ctrl+Delete 或者 Ctrl+Backspace 组合键。

② 为选区描边：描边操作可以在选区或者图层周围绘制边框，它经常结合加深和减淡操作来绘制物体的厚度效果，以使物体具有一定的立体感。

描边操作可以通过单击"编辑"→"描边"命令打开"描边"对话框，如图 2-48 所示。描边对话框的各个选项功能如下。

- "描边"：用来设置描边的宽度和颜色。
- "宽度"：设置描边的宽度，有效范围为 1～16 像素。
- "颜色"：单击它将打开"拾色器"对话框，从中可以设置描边的颜色。
- "位置"：用来设置描边的位置。分别选中"居内"、"居中"和"居外"单选按钮可以在选区边框线的内部、中部和外部进行描边。
- "混合"：用来选择描边操作的混合选项。与"填充"操作相同，这里不再重复。

选取图 2-48 设置的参数为选区描边，效果如图 2-49 所示。

图 2-48　描边对话框

图 2-49　描边效果

3）选区图像的基本操作

创建各种不同大小、形状的选区的最终目的是编辑选区内的图像。

（1）移动选区内的图像

选区内图像的移动是通过"移动工具" ⊕ 进行的，用户可以在同一幅图像中或不同图像之间移动选区内的对象。

"移动工具" ⊕ 可以移动整个图层内（背景层除外）或选区中的图像。在使用其他工具时，按 Ctrl 键可以临时切换到移动工具。移动工具的选项栏如图 2-50 所示。

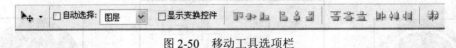

图 2-50　移动工具选项栏

各选项作用如下。

- "自动选择"：可以在单击某个物体时自动选中它所在的图层。
- "显示变换控件"：可以在移动时显示 8 个固定点，从而对物体进行各种各样的变形，产生相应的变形效果。

在同一幅图片中移动选区内的图像的具体操作步骤如下。

1 打开一幅图片，在图片中将要移动的图像建立成选区。

2 选择"移动工具"，将鼠标放在选区内，按住鼠标左键不放并拖动鼠标到合适的位置，释放鼠标即完成移动选区内图像的操作。如图 2-51 所示为移动选区内图像的效果图。由该图可知，在背景层上完成移动选区图像的操作后，原选区内将被填入背景色。在执行"取消选择"操作之前，移动后的选区图像始终比原图像的当前图层高出一层。而一旦执行了"取消选择"操作，移动后的选区图像就会与原图像的当前图层融合。

图 2-51 移动选区内的图像的效果

★ **提 示**　① 不同文件之间的对象移动时，是在原文件中复制后在新文件中粘贴。

　　② 移动时按下 Shift 键，可以做 45° 倍数的移动，比如进行水平或垂直移动。

　　③ 在一个文件中对一个对象移动时按下 Alt 键，表明对原有对象复制后粘贴到移动后的位置。

　　④ 背景层不能在本文件内移动，但可移动到其他文件中去。

★ **小技巧**　在"移动工具"下，点击显示定界框时，会出现 8 个控制点，按下 Ctrl 键可使图形扭曲，即只变动一个控制点；按下 Alt 键可以以图形中心为轴变化；按下 Shift 键可以某一控制点成比例缩放；按下 Ctrl+Alt 键可使图像倾斜；按住 Shift+Alt 键可使图像以中心点成比例缩放；按住 Ctrl+Shift+Alt 可使图像出现有远近的透视效果。

在不同图片中移动选区内图像的具体操作步骤如下。

1 打开两幅图片，并且使其窗口互不遮掩。

2 使用选区工具在其中一幅图片中建立选区，然后利用"移动工具"将选区内的图像移至另一幅图片中的适当位置处即可完成操作。如图 2-52 为将选区图像移至另一幅图片中效果图。

图 2-52 移动选区内的图像到另一幅图片中的效果

（2）剪切、复制、粘贴选区内的图像

- 剪切：剪切选区内的图像可以通过单击"编辑"→"剪切"命令或者按下 Ctrl+X 快捷键来实现。剪切后的选区图像被放到剪切板上，而原图片选区内的图像则会消失。

- 复制：复制选区内的图像可以通过单击"编辑"→"复制"菜单命令或者按下 Ctrl+C 快捷键来实现。复制后的选区图像的副本将被放到剪切板上，而原图片没有变化。

- 粘贴：粘贴操作是将剪切板上的选区图像粘贴到图片的另一部分中或者是将其作为新图层粘贴到另一幅图片中。粘贴选区内的图像可以通过单击"编辑"→"粘贴"命令或者按下 Ctrl+V 快捷键来实现。

- 合并复制：合并复制是在不影响原图片的情况下复制选区内的所有可见图层，并将它们放入剪切板上。可以通过单击"编辑"→"合并复制"菜单命令或者按下 Ctrl+Shift+C 组合键完成该操作。

- 贴入：贴入操作是将复制或剪切的选区图像粘贴到同一幅图片或不同图片中的另一个选区中。原选区图像则作为新的图层，而目标选区边框将转换为图层蒙板。该操作可以通过单击"编辑"→"贴入"菜单命令或者按下 Ctrl+Shift+V 组合键来完成。

★ 提 示　执行此操作的前提条件是复制了一部分的图像内容，然后在图像中建立了选区。

（3）清除选区内的图像

清除选区内图像的方法很简单。首先建立好选区，然后在图层面板中选中想要作用的图层，单击"编辑"→"清除"菜单命令或者按下 Delete 键就可以将选区内的图像清除。

★ 小技巧　清除图像操作也可以配合羽化功能使用。首先对选区进行羽化，然后再执行剪切、复制或者清除操作，这样可以将两个图层之间的图像很好地融合在一起。

（4）变换和自由变换选区内的图像

选区内图像的变换和自由变换与选区的变换和自由变换的操作方法相同，只是变换的内容不同而已。可以通过单击"编辑"→"自由变换"命令或者按下 Ctrl+T 快捷键任意地改变选区图像的位置、大小和角度。也可以通过单击"编辑"→"变换"子菜单的各菜单项（见图 2-53）对选区图像进行翻转、旋转、斜切、缩放、扭曲和透视等操作。图 2-54 为对选区图像进行各种变换的效果。

图 2-53　变换子菜单的各菜单命令

　　进入自由变换状态　　　　　水平翻转　　　　　　垂直翻转　　　　　　　缩小

图 2-54　选区图像的变换

| 放大 | 旋转 | 斜切 | 扭曲 |

图 2-54（续）

（5）将选区图像定义为图案

将选区图像定义为图案是一项很有用的操作，定义好的图案被存储在"图案"拾色器中，可供以后填充选区或图层之用。

定义图案的步骤如下。

1 打开一幅要做成图案的图像，如图 2-55 所示。

2 单击"编辑"→"定义图案"命令，打开"图案名称"对话框，如图 2-56 所示。在"名称"框中定义图案的名称。

3 在打开或新建的另一幅图像中，单击"编辑"→"填充"命令，在打开的"填充"对话框中，选中所定义的图案，系统将使用该图案平铺整个图像，如图 2-57 所示。

图 2-55　打开图像

图 2-57　图案填充效果

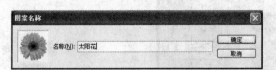

图 2-56　图案名称对话框

4）裁切工具

"裁切工具" 是用鼠标拖拉出矩形选区形成选择的区域，区域外的部分将被裁切掉，双击鼠标或按下回车键或点击工具选项栏中的确定按钮，文件将会只留下选择的区域部分，如果按下 Esc 键或点击工具选项栏中的取消按钮表明放弃裁切操作，文件将还原到最初。

在工具选项栏中可以输入固定的长宽与分辨率确定裁切部分的大小。

★ **提示**　裁切工具只能把图像裁切成方形。

5）切片工具

当在网页中使用一幅较大的图像时，为了更快更好地显示图像，可将其分割成多个切片，这些切片将较大的图片分割成几个不同的小区域，当将原图像保存为 Web 网页时，每一个切片区域将被独立保存，同时还将保存各自不同的画面设置、色板、超链接及动态按钮效果和动画效果等。

图 2-58　切片效果

在工具箱中选择"切片工具" ，在图像中拖动鼠标画出一个矩形区域。创建的切片会显示在图像上，并且每个切片左上角显示切片的序号，当前切片的边界四周会有八个控制手柄，如图 2-58 所示。

切片工具选项栏如图 2-59 所示。

　样式：　正常　　　宽度：　　　　高度：　　　　　基于参考线的切片

图 2-59　切片工具选项栏

● "样式"：用于确定切片区域的大小。
● "基于参考线的切片"：表示可以从参考线创建切片。

小试牛刀——月光下的小猫

最终效果

制作完成的最终效果如图 2-60 所示。

图 2-60　"月光下的小猫"效果图

设计思路

① 运用"多边形套索工具"制作树干。
② 运用"自由套索工具"画简单的图形。
③ 运用"减选区"加"羽化"效果画月亮。

操作步骤

1 新建 RGB 颜色模式，白色背景，500×500 像素大小的文件，起名为"月光下的小猫"。

2 在"矩形选框工具"中设"羽化"为 0，全选并填充"蓝色"。

3 在文件中画一个较小的矩形选区填充粉红色，使剩余的部分成为窗户的外框。

4 用"多边形套索工具"画出树干与树枝，填充黑色，如图 2-61 所示。

5 在"椭圆选框工具"下,设"羽化"为5,用"减选区"画弯月并填充黄色,如图2-62所示。

图2-61 画出树干与树枝

图2-62 画出弯月

6 调出标尺,在"加选区"选项上,用选区中的"单行选区工具"与"单列选区工具"均匀地画出窗格并填充颜色(单行与单列选区只需要在合适的位置单击就可以),如图2-63所示。

7 用"椭圆选框工具"及"套索工具"加"选区"画猫,填充黑色,如图2-64所示。

图2-63 根据标尺画窗格

图2-64 画出小猫

思考与练习

1)思考

先建立选区、再羽化,然后填充颜色后的效果与先羽化、再做选区,然后填充颜色后的效果有何不同?

2)练习

把在其他软件中使用的"剪切"、"复制"与"粘贴"命令同Photoshop中结合"移动工具"的使用做对比。

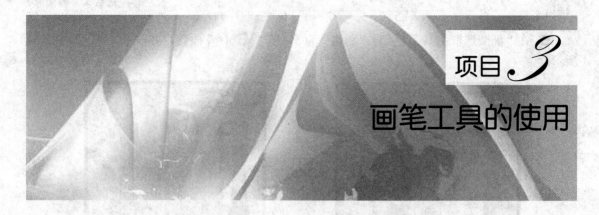

项目 *3*

画笔工具的使用

项目应知

☑ 了解画笔预置栏中的动态形状、散布、双重画笔、动态颜色等功能及设置
☑ 了解"画笔"属性中"渐隐"选项的设置及应用

项目应会

☑ 掌握画笔工具的使用方法
☑ 掌握画笔工具属性栏中各选项的使用
☑ 掌握自定义画笔笔头的方法及应用

一学就会——国画《寒香》

项目说明

平时可以用各种类型的画笔在不同的纸上绘制出各式各样的画,如素描画、水彩画、油画、水墨画等。那么这些类型的画能否在电脑上创作出来呢?回答是肯定的,Photoshop 具有强大的画图功能,利用它的"画笔"可以绘制出所需要的绘画作品。本项目就以《寒香》为例,介绍如何使用 Photoshop 绘制出国画效果。在此范例中读者将领略到 Photoshop 中"画笔"的神奇功能,并且可以学会对"画笔工具"的"笔尖设置"、"动态形状"、"散布"等各种属性的设置及其使用。

本项目效果图如图 3-1 所示。

图 3-1　国画《寒香》的效果图

设计流程

本项目设计流程如图 3-2 所示。

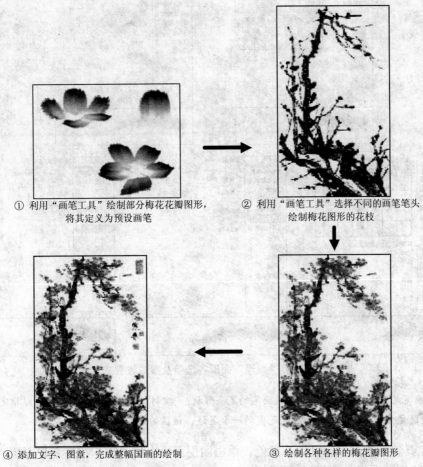

① 利用"画笔工具"绘制部分梅花花瓣图形，
将其定义为预设画笔

② 利用"画笔工具"选择不同的画笔笔头
绘制梅花图形的花枝

④ 添加文字、图章，完成整幅国画的绘制

③ 绘制各种各样的梅花瓣图形

图 3-2　国画《寒香》设计流程图

项目制作

☞任务 1　绘制梅花花瓣

通过设置"画笔工具"的笔头参数来绘制梅花花瓣图形，然后将其定义为预设画笔。

🖱操作步骤

1 新建宽度为 10cm、高度为 7.5cm、分辨率为 200ppi、颜色模式为"RGB"、背景色为"白色"的文件。

⭐**小技巧**　新建文件有 3 种方法。

　　【方法 1】　选取菜单栏中的"文件"→"新建"命令。

　　【方法 2】　按键盘上的 Ctrl+N 键。

　　【方法 3】　按住键盘上的 Ctrl 键，在工作区中双击鼠标左键。

2 单击工具箱中的✐按钮，在属性栏中的⬚按钮处单击，弹出"画笔"面板，各选项及参数设置如图 3-3 所示。

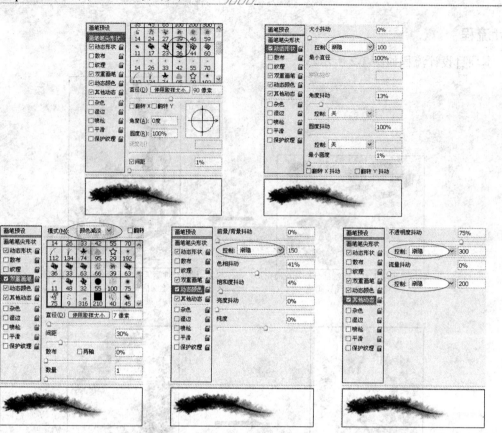

图 3-3 "画笔"面板各选项及参数设置

★ 提 示 "画笔笔尖形状"主要用于设置画笔的笔头形状;"控制"选项下的"渐隐"是以指定数量的步长渐隐元素,每个步长等于画笔笔尖的一个笔迹,该值的范围为 1~9999。

3 将工具箱中的前景色设置为黑色。单击图层面板中的"■"按钮新建图层"图层 1",然后将光标移到画面中,按住鼠标左键拖曳,绘制出如图 3-4 所示的梅花花瓣图形。

★ 小技巧 按键盘上的 D 键,可以将工具箱中的前景色与背景色设置为系统默认的黑色和白色。按键盘上的 X 键,可以快速地将工具箱中的前景色与背景色交换位置。

4 按 Ctrl+S 键,将此文件命名为"梅花瓣.PSD"进行保存。

5 单击工具箱中的"矩形选框工具",将光标移到一朵梅花中,绘制出如图 3-5 所示的矩形选区。

图 3-4 绘制出的梅花花瓣

图 3-5 绘制出矩形选区

6 选取菜单栏中的"编辑"→"定义画笔预设"命令，弹出"画笔名称"对话框，设置名称如图3-6所示，然后单击"好"按钮，将选择区域中的梅花瓣图形定义为画笔笔头。

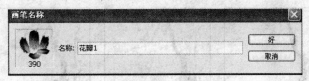

图3-6 "画笔名称"对话框

7 重复步骤5、步骤6，将另外两组梅花瓣图形也分别定义为画笔笔头。

任务2 绘制梅花花枝及梅花

操作步骤

1 新建宽度为12cm、高度为20cm、分辨率为150ppi、颜色模式为"RGB"、背景色为白色的文件。

2 单击"画笔工具"属性栏中的按钮，弹出"画笔"面板，各选项及参数设置如图3-7所示。

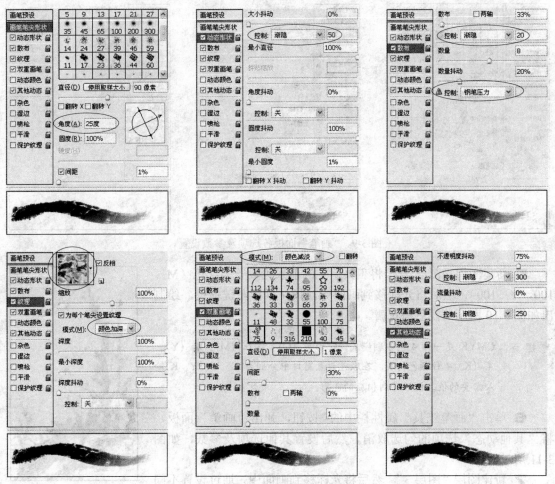

图3-7 "画笔"面板各选项及参数设置

3 新建图层"图层 1"，然后将光标移到画面中，通过设置不同的笔头大小，根据梅花枝干的生长规律，依次绘制出如图 3-8 所示的梅花枝杆形状。

图 3-8 绘制出的梅花花枝杆的形状

4 单击"画笔工具"属性栏中的 按钮，弹出"画笔"面板，各选项及参数设置如图 3-9 所示。

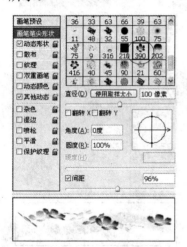

图 3-9 "画笔"面板各选项及参数设置

5 新建图层"图层 2"，将工具箱中的前景色设置为红色（M：100，Y：100），然后将光标移到画面中，按住鼠标左键拖曳，绘制出如图 3-10 所示的浅色梅花瓣。

★ **提示** CMYK 是一种 4 色印刷模式，它由青（C）、洋红（M）、黄（Y）、黑（K）4 种颜色构成。在颜色设置窗口中分别为 C、M、Y、K 输入需要的值，便可得到相应的色彩。

6 单击"画笔工具"属性栏中的 按钮，弹出"画笔"面板，将"其他动态"选项的勾选取消，然后设置其他选项及参数，如图 3-11 所示。

7 新建图层"图层 3"，然后将光标移到画面中，通过设置不同的笔头大小，绘制出如图 3-12 所示的红色梅花瓣。

图 3-10 浅色的梅花瓣

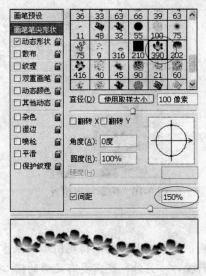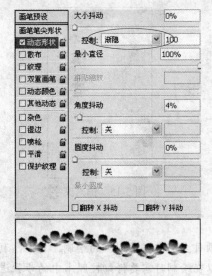

图 3-11 "画笔"面板各选项及参数设置

按[键，可以将画笔的笔头减小；按]键，可以将画笔的笔头增大；按"Shift+["键或"Shift+]"键，可以减小或增大笔头的硬度。

8 新建图层"图层4"，将工具箱中的前景色设置为黑色，然后在"画笔"面板中选择合适的笔头，将光标移到画面中，通过设置不同的笔头大小，绘制出如图 3-13 所示的花蕊形状。

9 在"画笔"面板中设置不同的笔头形状及选项参数后，将光标移到画面中，按住鼠标左键拖曳，进行梅花瓣的绘制。绘制出的最终效果如图 3-14 所示。

图 3-12 红色梅花瓣　　　　图 3-13 花蕊形状　　　　图 3-14 梅花瓣的最终效果

☞任务3 添加文字及图章

🖱操作步骤

1 将工具箱中的前景色设置为黑色，然后单击工具箱中的"文字工具"按钮，在画面中输入如图 3-15 所示的文字。

2 最后可以找些"图章"图案，将其调为合适的大小后放置在梅花图的适当位置，如图 3-16 所示。

3 按 Ctrl+S 键，将此文件命名为"寒香.jpg"进行保存。

图 3-15　输入文字　　　　　　　图 3-16　图章放置位置

归纳总结

☑ 本项目主要学习了国画的绘制。其中，利用"画笔工具"绘制梅花图形的操作比较复杂，所以在绘制时需要仔细按照书中的步骤进行操作。另外，还需要有足够的信心和耐心，这样才能顺利地完成本章的作品。

☑ "画笔工具"是绘制图形的主要工具，利用它能够更充分地展现个人的创作才华。通过本项目学习，应能够熟练掌握"画笔工具"的使用方法，以便在今后的设计工作中绘制出更加优秀的作品。

知识延伸

1）画笔工具

"画笔工具"中的前景色为画笔的颜色。在"画笔"面板中选择合适的笔头，然后将鼠标移到新建或打开的图像文件中拖曳，即可绘制不同形状的图形或线条。

"画笔工具"的属性栏如图 3-17 所示。

● "画笔"：用来编辑画笔笔头的形状及其大小，单击此选项后面的·按钮，会弹出如图 3-18 所示的"画笔笔头"面板。

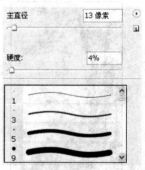

图 3-17　"画笔工具"的属性栏　　　　　图 3-18　"画笔笔头"面板

➢ "主直径"：用来设置当前所选画笔笔头的大小。可以拖动其下方的滑块按钮或直接在其右侧的文本框中输入数值。

➢ "硬度"：用来设置所选笔头边缘的虚化程度。此值越大，画笔笔头边缘越清晰。

➢ 单击"画笔笔头"面板右上角的·按钮，在弹出的下拉菜单中可以设置画笔笔头的显示形式及添加画笔笔头的形状。

● "模式"：单击此选项右侧的按钮，在弹出的下拉列表中可以选择画笔的使用模式。选择不同的模式将对图像产生不同的效果。

● "不透明度"：用来设置画笔绘画时的不透明度，可以直接在其右侧的文本框中输入数值，或单击此选项文本框右侧的不透明三角按钮，再拖动弹出的滑块进行调节。

★ **小技巧** 在英文输入状态下，可以通过按键盘上的数字键来改变画笔的透明度，从1到9分别指10%～90%，0代表100%。例如，当按数字键3时，可以将画笔的不透明度设置为30%。

- "流量"：决定画笔在绘画时的压力大小，数值越大画出的颜色越深。
- "喷枪"：激活此按钮，使用画笔绘制图形时，绘制的线条会因鼠标的停留而渐粗。
- "选项"：单击此按钮，可弹出"画笔"面板。

2）画笔面板

确认工具箱中选择的是"画笔工具"，然后单击属性栏中的■按钮，或选取菜单栏中的"窗口"→"画笔"命令（快捷键为F5），即可调出"画笔"面板，如图3-19所示。

在"画笔"面板左侧的画笔属性设置区域中选择属性名称，所选属性的参数设置会出现在面板的右侧。如果只单击属性名称左侧的复选框，可以在不查看其参数的情况下启动或停用此属性。

下面详细介绍"画笔"面板中各属性的主要选项及参数设置。

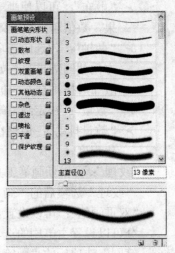

图3-19 "画笔"面板

- "画笔预设"：用于查看、选择和载入预设画笔。拖动画笔笔头形状窗口右侧的滑块可浏览其他的笔头。另外，通过拖动"主直径"选项下方的滑动按钮可以调整当前选择的笔头大小。
- "画笔笔尖形状"：主要用于设置画笔的笔头形状。选择"画笔笔尖形状"选项后的"画笔"面板如图3-20所示。
- "动态形状"：用于设置绘制过程中画笔笔迹的变化。选择"动态形状"选项后的"画笔"面板如图3-21所示。

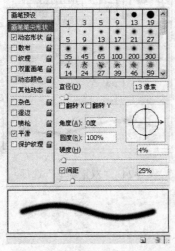

图3-20 "画笔笔尖形状"选项

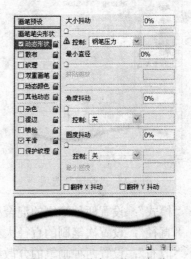

图3-21 "动态形状"选项

➤ "大小抖动"：控制画笔在绘制过程中笔头大小的变化程度。此值越大，画笔在绘制过程中的变化越大；此值为"0%"或下方的"最小直径"值为"100%"时，画笔在绘制时不发生变化。

> "控制"：其下拉菜单中的选项用于指定如何控制动态元素的变化。其中的"关闭"选项是不控制画笔笔迹的大小变化；"渐隐"选项是以指定值的步长渐隐元素，每个步长等于画笔笔尖的一个笔迹。该值的范围为 1～9999。

● "散布"：可使绘制出来的线条产生一种笔触散射的效果，选择"散布"选项后的"画笔"面板如图 3-22 所示。

> "散布"：可以使画笔绘制出的线条成为散射效果，数值越大散射效果越明显。

> "两轴"：勾选此选项，画笔笔迹散布时以辐射方向朝四周扩散；如不勾选此选项，画笔笔迹散布时按垂直方向扩散。

> "数量"：决定画笔笔迹在间隔处的数目。

> "数量抖动"：调整在每个间隔处笔迹散布的变化程度。

● "纹理"：可以使画笔工具产生图案纹理效果，选择"纹理"选项后的"画笔"面板如图 3-23 所示。

图 3-22　"散布"选项

● "双重画笔"：可以设置出两种不同形状的笔刷用来绘制图形，在"画笔笔尖形状"部分可以设置主笔刷的选项，在"双重画笔"部分可以设置次笔刷的选项。选择"双重笔刷"选项后的"画笔"面板如图 3-24 所示。

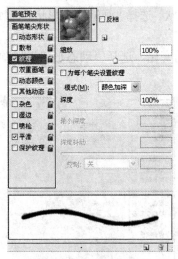

图 3-23　"纹理"选项

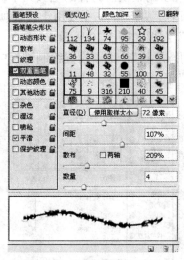

图 3-24　"双重画笔"选项

> "模式"：设置两种笔刷的混合模式。

> "直径"：设置次笔刷的直径大小。

> "散布"：设置两种画笔的分散程度。

> "数量"：设置两种画笔绘图时，间隔处画笔笔迹的数目。

● "动态颜色"：可以对指定颜色进行不同程度的混合。选择"动态颜色"选项后的"画笔"面板如图 3-25 所示。

> "前景/背景抖动"：指定画笔绘图时颜色在前景和背景色之间的变化程度。
> "色相抖动"：设置颜色色相的变化程度。此值越大，色相变化越大。
> "饱和度抖动"：设置颜色饱和度的变化程度。
> "亮度抖动"：设置颜色亮度的变化程度。
> "纯度"：设置画笔绘图时颜色的鲜艳程度。数值大，绘制出的颜色较鲜艳；数值小，绘制出的颜色较灰暗。

● "其他动态"：用于设置画笔的不透明度和流量的动态效果，选择"其他动态"选项后的"画笔"面板如图 3-26 所示。

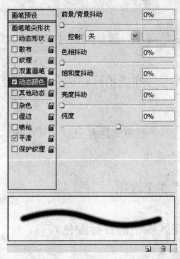

图 3-25 "动态颜色"选项　　　　　图 3-26 "其他动态"选项

> "不透明度抖动"：设置画笔在绘制时颜色不透明度的变化程度。
> "流量抖动"：设置画笔在绘图时颜色流量的变化程度。

3）历史记录画笔工具、历史记录艺术画笔工具

（1）Photoshop 中有历史记录功能，但历史记录是线性的，改变以前的历史将会删除之后的记录。将无法在保留现有效果的前提下，去修改以前历史中所做过的操作。但有一个工具可以不返回历史记录，直接在现有效果的基础上抹除历史中某一步操作的效果。这就是历史记录画笔工具。

★ 提 示　在选定历史记录画笔并准备恢复部分效果以前，需要在"历史记录"面板中选择需要恢复的那一步之前的状态，即选定"历史记录画笔源"，对于后面的"历史记录艺术画笔"和"历史记录橡皮擦"也是同样的道理，一定要记住设定要恢复到供应用的历史记录的位置。

（2）历史记录艺术画笔工具可以使用指定历史记录状态或快照中的源数据，以风格化描边进行绘画。通过尝试使用不同的绘画样式、大小和容差选项，可以用不同的色彩和艺术风格模拟绘画的纹理。

像历史记录画笔工具一样，历史记录艺术画笔工具也将指定的历史记录状态或快照用做源数据。但是，历史记录画笔通过重新创建指定的源数据来绘画，而历史记录艺术画笔在使用这些数据的同时，还使用创建不同的颜色和艺术风格设置的选项。

4）铅笔工具

使用铅笔工具可绘出硬边的线条，如果是斜线，会带有明显的锯齿。绘制的线条颜色为工具箱中的前景色。在铅笔工具选项栏的弹出式面板中可看到硬边的画笔。

在铅笔工具的选项栏中有一个"自动抹掉"选项。选中此选项后，如果铅笔线条的起点处是工具箱中的前景色，铅笔工具将和橡皮擦工具相似，会将前景色擦出至背景色，如果铅笔线条的起点处是工具箱中的背景色，铅笔工具会和绘图一样使用前景色绘图，铅笔线条起始点的颜色与前景色都不同时，铅笔工具也是使用前景色绘图。

5）颜色替换工具

颜色替换工具可以方便快捷地调节图像中局部的偏色现象，例如照片中人物的红眼。它能简化图像中特定颜色的替换。

在它的工具选项栏里，除了"画笔"、"模式"、"容差"和"消除锯齿"外，还有"取样"与"限制"两个选项，如图 3-27 所示。

图 3-27 "颜色替换工具"选项

- "取样"：包括"连续"、"一次"和"背景色板"3 个选项。
  - "连续"：表示在拖移时对颜色连续取样。
  - "一次"：表示只替换第一次点按的颜色所在区域中的目标颜色。
  - "背景色板"：指抹除包含在当前背景色的区域。
- "限制"：包括"不连续"、"邻近"和"查找边缘"3 种选项。
  - "不连续"：表示替换出现在指针下任何位置的样本颜色。
  - "邻近"：表示替换与紧挨在指针下的颜色邻近的颜色。
  - "查找边缘"：指替换包含样本颜色的相连区域，同时能更好地保留形状边缘的锐化程度。

小试牛刀——国画《翠竹》

最终效果

根据以上所学知识绘制一幅翠竹图，制作完成后的最终效果如图 3-28 所示。

图 3-28 国画《翠竹》效果图

设计思路

① 利用"画笔工具"绘制部分竹叶图形，将其定义为预设画笔。

② 利用"画笔工具"选择不同的画笔笔头分别绘制出竹子图形的枝干、竹节、竹枝及各种各样的竹叶图形。

③ 完成整个竹子图形的绘制。

操作步骤

1 绘制竹叶。新建文件，设置"画笔"以便绘制竹叶，其设置如图 3-29 所示。

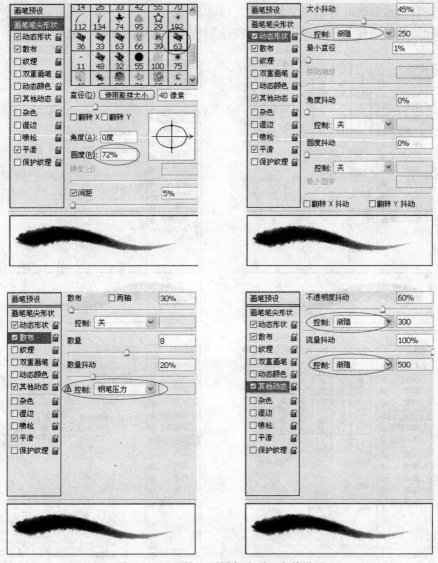

图 3-29 "画笔"面板各选项及参数设置

2 新建图层，前景色设为黑色，绘制各种形态的竹叶，如图 3-30 所示。

图 3-30　绘制出的竹叶图形

3 将每种形态的竹叶分别定义为画笔，以备后用。

4 绘制竹竿。新建文件，设置画笔以便绘制竹竿，其设置如图 3-31 所示。

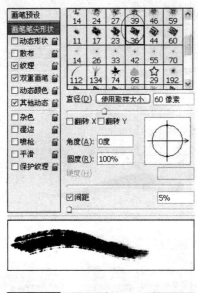

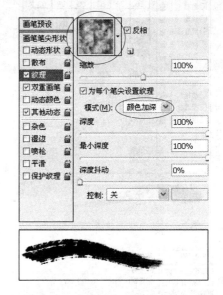

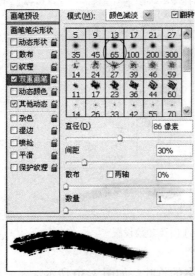

图 3-31　"画笔"面板各选项及参数设置

5 分别建立图层绘制出竹子枝杆形状、竹节形状及竹枝形状，效果如图 3-32 所示。

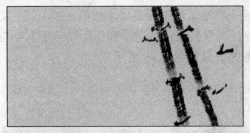

图 3-32　绘制的竹竿、竹节及竹枝形状

6 设置画笔以便绘制竹叶，其设置如图 3-33 所示。

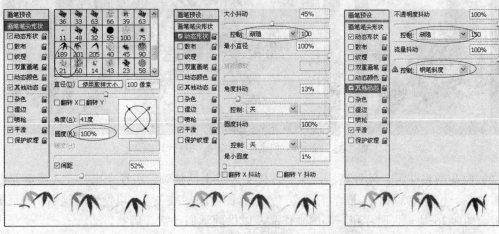

图 3-33　"画笔"面板各选项及参数设置

7 依次使用自定义的 3 种竹叶画笔，调整笔头大小及颜色浓淡，绘制出竹子的所有叶子，效果如图 3-34 所示。

图 3-34　绘制出的竹叶形状

8 添加文字及印章，最终效果如图 3-28 所示。

❓ 思考与练习

1）思考

（1）如何设置"画笔工具"的开关及笔触效果？

（2）如何自定义画笔工具？

2）练习

（1）俗语说"三分画，七分裱"，国画绘制后一般都需要进行装裱才显得更加大气、文雅，如果将绘制完成的国画再装裱一下，效果会更好。同学们可通过已学知识绘制一个木制边框，对国画进行一些美化。本节的两幅国画经装裱后的效果如图 3-35 所示。

图 3-35　装裱后的国画《寒香》、《翠竹》图

（2）梅花傲霜斗雪、风骨高洁，深受古代文人雅士的赞颂。古往今来，文人墨客常把梅花与雪放在一起吟诗、作画。同学们可在《寒香》图中添加些飞雪，以便烘托气氛，展现梅花的精神。图 3-36 是一张照片和一幅国画作品，以供同学们欣赏、借鉴。

图 3-36　雪中梅花照片图及雪中梅花国画图

（3）仔细观察校园，绘制一幅《美丽的校园》图。

★ **提示**　内容也许比较多，需要合理布局；画笔工具与其他工具配合使用。

图像的修饰

项目应知

☑ 了解 "模糊工具"、"锐化工具"、"涂抹工具" 的使用方法

☑ 了解 "减淡工具"、"加深工具"、"海绵工具" 的使用方法

项目应会

☑ 掌握 "修复画笔工具"、"修补工具"、"仿制图章工具" 及 "橡皮擦工具" 的使用

☑ 掌握综合运用多种工具对图像进行精确修改的方法和技巧

 一学就会——美化照片

项目说明

随着数码相机的普及,如何修复那些有瑕疵的照片或合成图片,成为广大数码爱好者迫切想掌握的技能。本项目所讲述的 "画笔"、"修补"、"仿制图章"、"橡皮擦" 以及 "模糊"、"锐化"、"涂抹"、"减淡"、"加深"、"海绵" 等工具都可以对图像进行美化。在掌握这些工具的基本原理和使用技巧后,通过几个典型实例,可掌握在不同情况下,综合使用各种工具对有残缺的照片进行处理的方法,使照片中的景物变得更漂亮、更逼真。

本项目效果图如图 4-1～图 4-5 所示。

图 4-1　美化照片效果图

图 4-2　荷塘鸭群效果图

图 4-3　修复照片效果图

图 4-4　节日贺卡效果图

图 4-5　水乡风景效果图

设计流程

1）美化照片

利用"仿制图章工具" 🖳 及"加深工具"、"减淡工具"美化有瑕疵的照片，设计流程如图 4-6 所示。

　① 打开原始素材　　　　　② 修复眼部树枝　　　　　③ 修复脸部树枝

图 4-6　美化照片设计流程图

2）荷塘鸭群

利用"修复画笔工具" 🖌 的复制功能实现图像的复制，将两张图片巧妙地组合在一起，设计流程如图 4-7 所示。

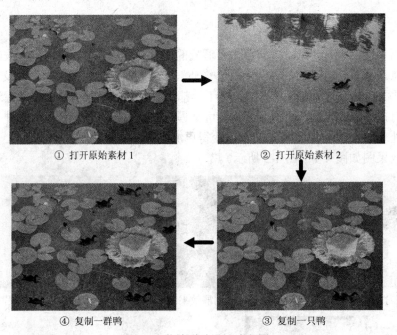

　① 打开原始素材 1　　　　　　　　　　② 打开原始素材 2

　④ 复制一群鸭　　　　　　　　　　　③ 复制一只鸭

图 4-7　荷塘群鸭设计流程图

3）删除照片中多余的人

利用"修补工具" 🩹 和"仿制图章工具" 🖳 对图像进行删除和修复，设计流程如图 4-8 所示。

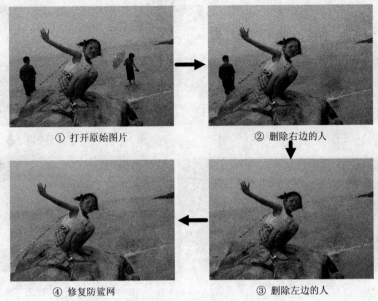

图 4-8　删除照片中多余的人设计流程图

4）节日贺卡

节日贺卡设计流程如图 4-9 所示。

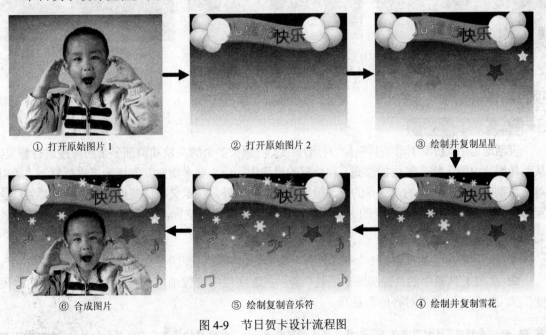

图 4-9　节日贺卡设计流程图

5）水乡风景

利用"移动工具"和"橡皮擦工具"将几张图片合成在一起，通过对图层不透明度的调整，达到理想的效果。这种操作方法，在进行艺术照片处理时会经常用到。"水乡风景"设计流程如图 4-10 所示。

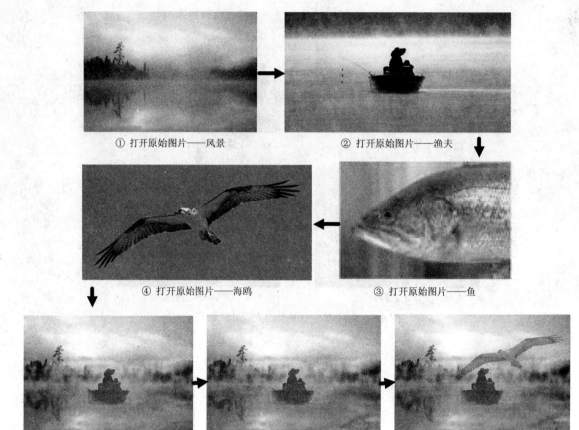

① 打开原始图片——风景　　② 打开原始图片——渔夫

④ 打开原始图片——海鸥　　③ 打开原始图片——鱼

⑤ "风景"图片与"渔夫"图片合成　　⑥ 继续与"鱼"图片合成　　⑦ 继续与"海鸥"图片合作

图 4-10　"水乡风景"设计流程

项目制作

任务 1　美化照片

灵活地运用"仿制图章工具" 🔧，对照片中人物额头多余的头发和脸部多余的树枝进行修复，从而使照片中的人物变得更加漂亮。在修复的过程中，由于要多次改变取样源点进行复制，所以对于仿制图章属性栏中的"对齐的"一项不加选取。另外，在定义取样源点时，根据所要处理位置的不同，需要改变画笔直径的大小和取样源点在图像中的位置，这也是本例的难点和重点。

操作步骤

1 执行菜单栏中的"文件"→"打开"命令，打开素材源图像文件"修复照片原图.psd"。

2 单击工具箱中的"仿制图章工具" 🔧，在选项栏中设置画笔"主直径"为 16 像素、"硬度"为 0%，不勾选"对齐的"选项。

⭐ **提　示**　在利用"仿制图章工具" 🔧修复照片的过程中，为了使照片的修复更为方便和细致，首先利用"缩放工具" 🔍对照片的局部进行放大显示，然后在接下来的操作中进行细致的修复。

3 先修复人物额头的头发。按住 Alt 键，将光标移到离需要修复的头发最近的位置，单击左键进行图像取样源点的设定。

4 松开 Alt 键，在照片中人物头部需要修复的头发上拖动鼠标，经过修复，会发现人物额头上的头发基本上没有了。

5 利用上述方法,设定取样源点,对人物眼部周围的树枝进行修复,如图 4-11 所示。

★ **提 示** 在修复人物眼部周围的树枝时,由于眼部周围的光线复杂且皮肤状态都不完全相同,所以需要不断地更改取样源点,而且取样源点的位置与所要修复的树枝的距离越近越好。

6 重新设置合适大小的笔头后结合 Alt 键,对人物面部其他位置的树枝进行修复,效果如图 4-12 所示。

★ **小技巧** 当画面中没有显示出所需要的图像位置时,按住空格键光标就会变成🖐形状,在画面中按住左键拖动鼠标,可以通过平移图像来显示所需要的图像位置。

7 对人物面部的树枝进行修复后,会发现人物面部的颜色偏暗,这时可以考虑使用"减淡工具"对人物面部进行处理,以达到理想的效果,如图 4-13 所示。

图 4-11　眼部树枝修复　　　　图 4-12　面部树枝修复　　　　图 4-13　修复照片结果

8 全部修复完成后,选择菜单栏中的"文件"→"存储为"命令,将此文件存储为"修复照片.psd"。

☞ 任务 **2**　荷塘鸭群

本任务灵活地运用"修复画笔工具"🖌进行图像的复制。在使用"修复画笔工具"🖌修复图像时,修复的画面可以与背景图像融合在一起,所以利用"修复画笔工具"🖌可以在背景层中复制图像。

🖱 操作步骤

1 执行菜单栏中的"文件"→"打开"命令,打开素材文件"鸭子源.jpg"和"荷塘源.jpg"。

2 单击工具箱中的"修复画笔工具"🖌,在选项栏中打开"笔头设置"面板,选项及参数设置如图 4-14 所示。

3 按住 Alt 键,将光标移到图片中的鸭子上,单击左键设置取样源点。

★ **提 示** 由于在荷叶图中复制鸭子,所以最好把取样源点设置在鸭子的头部,以方便在荷叶图中定位鸭子。

4 松开 Alt 键,在荷叶图中有水的地方按住鼠标左键,会发现在光标落点处出现与取样源点相同的鸭子图形。

5 继续按住鼠标左键并且拖动,就可以复制所需要的第一只鸭子,如图 4-15 所示。

图 4-14　"笔头设置"面板

图 4-15　复制一只鸭子

★ **提　示**　每复制完成一只鸭子之后，为使图片形象逼真，要重新定义取样源点，把另外一只鸭子作为需要
复制的对象，在另外这只鸭子的头部定义取样源点。

6 在图片中的另外一个位置按住鼠标左键并拖动复制鸭子。用同样的方法复制出图片中
的其他鸭子，如图 4-16 所示。

★ **小技巧**　鸭子全部复制完成后，如果感觉对鸭子下面的水纹颜色不够满意，可以使用"加深工具"和"减
淡工具"对图片进行适当的处理。

7 完成效果如图 4-17 所示，选择菜单栏中的"文件"→"存储为"命令，将此文件存储
为"荷塘鸭群.jpg"。

图 4-16　复制其他鸭子

图 4-17　荷塘鸭群结果

☞任务 **3** 　删除照片中多余的人

本任务运用"修补工具" ◎来修复图像。它和"修复画笔工具"的不同之处在于"修复
画笔"是通过画笔来修复图像，而"修补工具" ◎是通过选区来完成对图像的修复。可见"修
补工具" ◎可以快捷地修补大面积的图像。

🖰**操作步骤**

1 执行菜单栏中的"文件"→"打开"命令，打开素材图像文件"修复多余的人源.jpg"。

2 单击工具箱中的"缩放工具" 🔍，在画面的右下角位置按住鼠标左键拖动鼠标，放大
显示照片的局部。

★ **提　示**　由于画面中海天相接处是很明显的，为使修补结果完美无缺，在移动所选定的修补区域时，一定
要使海天相接处的线相吻合。

3 先删除照片中右边多余的人。单击工具箱中的"修补工具" ◎，将光标移到画面中，

按住鼠标左键在要删除的人物上拖动鼠标进行选择区域的绘制。

4 在选项栏中选择"源"选项，再将光标移到绘制的选择区域中，然后按住鼠标左键向没有人物的环境位置拖动鼠标。松开鼠标左键后，图片中右边的人物即被删除。如图 4-18 所示。

5 再次单击工具箱中的"修补工具" ◌，将光标移到画面中，按住鼠标左键拖动鼠标进行选择区域的绘制，使绘制的选择区域没有人物。

6 在选项栏中选择"目标"选项，再将光标移到绘制的选择区域中，然后按住鼠标左键向左边的人物所在的位置上拖动鼠标，使拖动出的环境可以将要删除的人物覆盖，松开鼠标左键即可将左边多余的人删除掉。

7 经过两次修补之后，照片中多余的人物被去除掉，如图 4-19 所示。

　　　图 4-18　删除右边的人　　　　　　　图 4-19　删除左边的人

★ **提示** 当左边多余的人物被删除后，会发现画面有缺陷，也就是防鲨网不连惯了，所以还需要用"仿制图章工具"对防鲨网进行修复。

8 再利用"仿制图章工具" ▲，把防鲨网修复一下，照片基本修复完成，如图 4-20 所示。

★ **小技巧** 将照片中的多余人物删除后，所修复位置的颜色并不是很干净，为了使照片中整个环境的颜色统一融合，可以再次利用"修补工具" ◌绘制选择区域，将其拖动到颜色较亮的位置，进行颜色的融合修复处理，如图 4-21 所示。

　　　图 4-20　修复防鲨网　　　　　　　图 4-21　修复照片结果

9 将照片进行最后的修复处理后，选择菜单栏中的"文件"→"存储为"命令，将此文件存储为"修复多余的人.jpg"。

☞**任务 4　节日贺卡**

在制作儿童节贺卡的过程中，利用"自定义形状工具"在背景图片上绘制各种好看的图形，对这些图形进行描边和不透明度的调整。在处理好的图片上添加一个活泼可爱的儿童，为使儿童的头发效果逼真，利用"涂抹工具"对儿童的头发进行涂抹，产生一种类似于用手指涂抹的效果。

操作步骤

1 选择菜单栏中的"文件"→"打开"命令，打开素材图像文件"儿童源.jpg"和"贺卡背景源.psd"。

2 单击"自定义形状工具"，在其选项栏设置参数，如图 4-22 所示。

图 4-22　"自定义形状工具"选项栏

★提示　在如图 4-22 所示"自定义形状工具"的选项栏上选择"填充像素"，就可以绘制出用前景色填充颜色的五角星。

3 在"贺卡背景源.psd"上新建"图层 1"，设置前景色为黄色，在"图层 1"上绘制一个五角星，按图 4-23 所示对五角星进行描边，并按图 4-24 所示调整图层的不透明度。将五角星移动到合适的位置，如图 4-25 所示。

图 4-23　"描边设置"面板　　　图 4-24　图层不透明度调整　　　图 4-25　绘制一个五角星

4 把"图层 1"复制 4 次，在复制的图层上把五角星选取后分别改变为不同的颜色，将它们的不透明度调整为 20%、60%、56%、20%，并且移动到不同的位置，如图 4-26 所示。

5 新建"图层 2"，在"图层 2"上绘制一黄色五角星，如图 4-27 所示。

图 4-26　复制图层并改变颜色　　　　　图 4-27　绘制黄色五星

6 新建"图层 3"，在"自定义形状工具"中选取雪花形状，设置前景色为白色，绘制大小不同的雪花，再选取另外一种雪花形状，绘制不同的雪花，如图 4-28 所示。

7 新建"图层 4"，在"自定义形状工具"中选取音乐符号，绘制大小和颜色均不相同的音乐符，并且为每个音乐符分别描边。调整该图层的不透明度为 50%，效果如图 4-29 所示。

8 打开"儿童.jpg"的路径面板，选取儿童的路径，单击路径面板底部的"把路径作为选区载入"按钮，如图 4-30 所示，选取儿童。

图 4-28　绘制雪花　　　　图 4-29　绘制音乐符　　　图 4-30　"路径设置"面板

9 用"移动工具"将儿童移动到贺卡背景上，再用"魔棒工具"选取儿童肩膀上侧的两块区域，将选区删除。如图 4-31 所示。

★**提示** 由于在利用路径选取儿童时，其头发的边缘是非常平滑的，失去了头发的蓬松感。所以，需要利用"涂抹工具"和"锐化工具"对儿童的头发进行处理。

10 在"图层"面板中将儿童所在的"图层 5"选为当前工作层。

11 单击工具箱中的"涂抹工具"，在"笔头设置"面板中选择如图 4-32 所示的笔头，然后在选项栏中设置"强度"参数为"50%"。

图 4-31　移动儿童　　　　　　图 4-32　"笔头设置"面板

12 单击工具箱中的"缩放工具"，将儿童的头部放大显示，将笔头形状的光标移到头发的顶部位置，按住鼠标左键拖动鼠标，涂抹出类似的头发效果，如图 4-33 所示。

★**小技巧** 在利用设置的笔头沿儿童的头发边缘向外拖动鼠标涂抹头发时，为了使儿童的头发效果更加真实，要注意涂抹方向与头发的生长方向相一致。

13 单击工具箱中的"锐化工具"，在选项栏中将"强度"参数设为 30%，然后随时调整笔头大小对绘制出的头发进行涂抹，表现头发的清晰度，如图 4-34 所示。

图 4-33　涂抹头发效果　　　　图 4-34　节日贺卡结果

14 选择菜单栏中的"文件"→"存储为"命令，将此文件存储为"节日贺卡.psd"。

任务5　水乡风景

本任务运用"橡皮擦工具" ，对图像进行擦除。当笔头的大小和形状不同时，在图像上产生的擦除效果也不相同。

图4-35　"笔头设置"面板

操作步骤

1 执行菜单栏中的"文件"→"打开"命令，打开素材图像文件"风景.psd"、"海鸥.psd"、"渔夫.psd"和"鱼.psd"。

2 把"风景.psd"作为背景图，单击工具箱中的"移动工具" ，将渔夫移动到风景背景中，并将其调整至合适的位置。

3 单击工具箱中的"橡皮擦工具" ，设置"画笔笔头"，如图4-35所示，然后将画笔的"主直径"设置为150像素。

★ **提示** 使用"橡皮擦工具" 擦除渔夫图的背景时，画笔笔头的设置是实现本次任务效果的关键。

4 将光标移到人物背景处，多次单击鼠标左键进行背景的擦除，如图4-36所示。

★ **提示** 选取"橡皮擦工具"并且设置好画笔笔头后，在擦除人物背景时，为了使湖面上产生水雾效果，在擦除的过程中，需要在画面的不同位置处多次单击鼠标进行擦除。

5 单击工具箱中的"移动工具" ，将擦除后的图片移到合适的位置，并将该图层的不透明度调整为50%。

6 用工具箱中的"魔棒工具" ，将其"容差"值设为"32"，选择"鱼.psd"中的背景，再利用"选择"→"反向"命令将"鱼"选取。

★ **小技巧** 在利用"魔棒工具" 选取鱼的背景时，如果将容差值设得太大，则会选取鱼的一部分；容差值太小，由于背景颜色较为杂色，也不容易选取。将容差值设为32，同时还需要将属性设置为"添加到选区"，经过多次单击鼠标才可以将鱼的背景选取。

7 再次单击工具箱中的"移动工具" ，将鱼移到风景图中合适的位置，并将该图层的不透明度调整为45%，效果如图4-37所示。

图4-36　擦除人物背景

图4-37　移动鱼到风景图

8 同样，单击工具箱中的 按钮，将"海鸥.psd"移动到风景图中合适的位置，如图4-38所示。

9 单击工具箱中的"背景橡皮擦工具" ，在海鸥图层中的蓝色上单击，蓝色背景被擦除，该图层仅剩海鸥。改变海鸥的大小和位置后，再将该图层的不透明度调整为45%，图像合成完成，如图4-39所示。

图 4-38　移动海鸥到风景图

图 4-39　水乡风景效果

10 选择菜单栏中的"文件"→"存储为"命令，将此文件存储为"水乡风景.psd"。

归纳总结

☑ 本项目主要学习 Photoshop 工具箱中润饰和修复工具的功能和使用方法，其中包括"修复画笔"、"修补"、"仿制图章"、"橡皮擦"、"模糊"、"锐化"、"涂抹"、"减淡"、"加深"和"海绵"等 10 个工具。在修复图像的过程中，利用这些修复工具可以对图像的残缺部分进行修复，进行图像的合成，手工绘制一些美丽的图片，还可以利用这些工具绘制日常生活中常见的一些标志，进行婚纱照片、儿童百天照片、生日照片的艺术化处理等。

知识延伸

1）修复画笔工具和污点修复画笔工具

（1）"修复画笔工具"的作用

"修复画笔工具"是一个很神奇的修复工具，它将源点（取样点）的像素和笔尖所到之处的像素混合，从而使修复后的像素不留痕迹地融入图像的其余部分。

（2）"修复画笔工具"的使用方法

打开一幅源图像，在工具箱中选择"修复画笔工具"，并设置其选项栏上的各项参数；按住 Alt 键的同时单击鼠标左键，定义一个取样源点，或者选择一个图案，在图像的相应位置处单击并拖动鼠标进行图像的修复。

（3）"污点修复画笔工具"的使用方法

"污点修复画笔工具"相当于橡皮图章和普通修复画笔的综合作用。它不需要定义采样点，就可以在想要消除的地方涂抹。既然称之为污点修复，意思就是适合于消除画面中的细小部分。因此不适合在较大面积中使用。如果你想把人物从画面中抹去，最好还是使用"橡皮图章工具"。

2）修补工具和红眼工具

（1）"修补工具"的作用

"修补工具"可以一次修复所选中的区域（在创建选区时既可以使用"修补工具"，也可以使用工具箱中的"选区工具"）。

（2）"修补工具"的使用方法

【方法 1】 定义目标区域，并拖动到源区域。在"修补工具"的属性栏中选择"源"选项，使用"修补工具"为图像中需要修复的区域创建一个选区轮廓，然后将该选区轮廓拖动到新的位置，松开鼠标的位置就是复制所使用的源。

【方法 2】 定义源区域，拖动到目标区域。在"修补工具"的属性栏中选择"目标"选项，使用"修补工具"选择图像中要复制的区域，将选区拖到希望修复的区域，松开鼠标左键。

（3）"红眼工具"的作用

"红眼工具" 主要用来处理照片中由于使用闪光灯引起的红眼现象。

（4）"红眼工具"的使用方法

"红眼工具"使用起来极为简单，只需要框选红眼区域就可以消除。它实际上就是"颜色替换工具"的衍生工具。如开启了对齐功能（视图→对齐），并且开启了（视图→对齐到→图层），那么"红眼工具"在框选的时候，选框边会自动对齐红眼区域。

3）图案图章工具和仿制图章工具

（1）"图案图章工具"的作用

"图案图章工具"可以预先定义的图案为复制对象进行复制。启用"图案图章工具"，只需在工具箱中单击"图案图章工具" 即可。

"图案图章工具"的选项栏如图 4-40 所示。

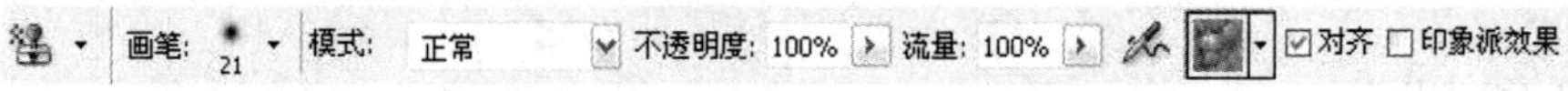

画笔：21 | 模式：正常 | 不透明度：100% | 流量：100% | ☑对齐 □印象派效果

图 4-40　"图案图章工具"选项栏

（2）"图案图章工具"的使用方法

首先定义图案；然后在工具箱中单击"图案图章工具" ，在选项栏中打开"图案拾色器"，选择图案 ；再在新建文件中拖曳鼠标，复制图案中的图像即可。

（3）"仿制图章工具"的作用

该工具又称为复制图章工具。它的作用是对图像全部或者部分内容进行复制，不但可以在同一幅图像内进行复制，还可以在不同的图像之间进行复制。

在工具箱中选择"仿制图章工具" 之后，可以在其属性栏中设置它的各项属性。

- "对齐"：勾选该项，在复制过程中，不管中途停止多长时间再进行复制，都不会出现图像上的间断。如果该项没有被勾选，在进行复制的时候，一直按住鼠标左键拖动鼠标，也不会出现图像的间断。当然，如果需要不停地改变取样源点，就不要勾选该项。
- "用于所有图层"：勾选该选项，图章的作用效果将应用于所有图层。

（4）"仿制图章工具"的使用方法

打开一幅源图像，在工具箱中选择"仿制图章工具"并设置其属性栏上的各项参数；按住 Alt 键的同时单击鼠标左键，定义一个取样源点；在图像空白处或另外一幅图像上单击并拖动鼠标进行重复关联复制，复制出关联图案。

4）橡皮擦工具

"橡皮擦工具" 用于图像的擦除、修改。

- "普通橡皮擦"：可以用来擦除图像颜色，同时在擦除掉的区域填充当前的背景色。
- "背景橡皮擦"：使用背景橡皮擦擦除图像中的颜色时，擦除过的地方将形成透明区域。
- "魔术橡皮擦"：使用魔术橡皮擦时，只需单击图像就可以擦除与单击之处颜色相近的区域。

5）模糊、锐化和涂抹工具

"模糊"、"锐化"、"涂抹" 3 个工具都可以起到对图像的边界进行修整的作用。

- "模糊工具"：可以产生局部或者整体模糊的图像效果。使用该工具后图像边界变得柔和，产生模糊效果。
- "锐化工具"：如果图像中有边界不清晰的地方，那么使用锐化工具后可以使图像边界变得清晰。
- "涂抹工具"：能够把最先单击鼠标时的颜色提取，然后顺着拖动鼠标的轨迹把提取的颜色和四周的颜色相融合。

6）减淡、加深和海绵工具

"减淡"、"加深"、"海绵" 3 个工具都可以对图像的亮度进行调整，包括亮度以及饱和度的加深和减弱。

- "减淡工具"：主要作用是改变图像的曝光度，使用"减淡工具"可以对图像的局部区域增加亮度，使图像的细节显现出来。
- "加深工具"：主要作用也是改变图像的曝光度，使用"加深工具"可以对图像的局部区域进行变暗处理。
- "海绵工具"：主要作用是调整图像中颜色的浓度，使用"海绵工具"可以增加或减少局部图像的颜色浓度。

小试牛刀——诱人的西红柿

最终效果

本项目主要学习在 Photoshop 中综合使用工具箱中的"润饰"和"修复工具"来修复照片或图片，下面利用这些工具来手工绘制一张西红柿图，进一步理解这些工具的作用。

制作完成的最终效果如图 4-41 所示。

图 4-41　"诱人的西红柿"效果图

设计思路

① 综合运用"路径工具"和"画笔工具"绘制西红柿。

② 利用"加深工具"和"减淡工具"产生西红柿表面的凹陷效果。

③ 调整图像中的亮度/对比度和图层样式，最终画出西红柿图。

操作步骤

1 单击工具箱中的"椭圆选框工具"○，在背景上绘制一个圆形选区。打开"路径"面板，将选区转换为路径，将路径调整成西红柿的形状，并将该路径存储为"路径1"。

2 将"路径1"转换为选区，新建"图层1"，将选区填充为橘红色RGB（230，56，40），取消选区。

3 再次单击工具箱中的○工具，在西红柿上绘制一个圆形选区，如图4-42所示。

4 执行"选择"→"修改"→"羽化"命令，将羽化半径设为20像素。

5 执行"图像"→"调整"→"亮度/对比度"命令，将亮度调为100，对比度为0。

6 单击工具箱中的○工具，在西红柿上绘制一个大椭圆形选区，如图4-43所示。

7 执行"选择"→"反向"命令，将反选后的选区的羽化半径设为20像素，将亮度调整为52，对比度为0，取消选择。

8 利用"加深工具"◎和"减淡工具"◣给西红柿的上边和两侧减淡，底部加深。

9 制作西红柿凹陷的瓣块。在画面上绘制椭圆选区，执行"选择"→"变换选区"命令，将椭圆倾斜，如图4-44所示。

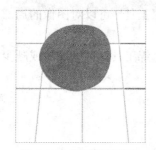

图4-42 绘制圆形选区

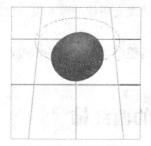

图4-43 绘制椭圆选区

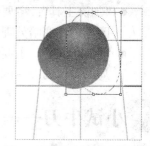

图4-44 绘制椭圆选区并倾斜

10 执行"选择"→"修改"→"羽化"命令，将羽化半径设为1像素。使用"减淡工具"◣在凹陷的边缘涂抹，再执行"选择"→"反向"命令，使用"加深工具"◎在凹陷处涂抹。

11 重复上面的步骤，制作出西红柿的其他几个凹陷的瓣块，如图4-45所示。

12 制作西红柿的蒂部暗光。新建图层，在西红柿上部绘制一个羽化半径为1像素的椭圆形选区，将选区填充为灰色到白色的线性渐变，更改该图层的图层模式为"颜色加深"。

13 将该图层与"图层1"合并后命名为"图层1"。效果如图4-46所示。

14 新建"图层2"，制作西红柿上的高光部分。设置前景色为白色，用柔化画笔（画笔大小为45像素）在西红柿上喷涂，然后将图层的不透明度调整为40%，效果如图4-47所示。

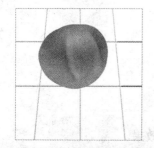

图4-45 制作凹陷的瓣块

图4-46 蒂部暗光的制作

图4-47 制作高光部分

15 新建"图层3",制作西红柿的蒂部。在"路径"面板上绘制西红柿蒂部的路径,并将该路径存储为"路径2",将路径转换为选区,填充为深绿色RGB(96,112,76)。

16 用"加深工具" 和"减淡工具" 对蒂部进行处理之后,对蒂部所在的图层添加如图4-48所示的投影效果。蒂部制作效果如图4-49所示。

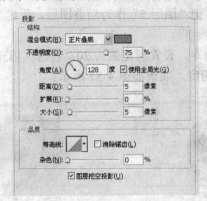

图 4-48 投影的设置

图 4-49 蒂部效果

17 新建"图层4",制作西红柿上面的水珠。用画笔绘制水珠的形状,颜色不限,因为在后面的操作中颜色将会被去除掉。然后添加如图4-50~图4-53所示的图层样式,水滴效果如图4-54所示。

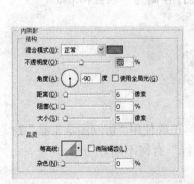

图 4-50 内阴影的设置

图 4-51 外发光的设置

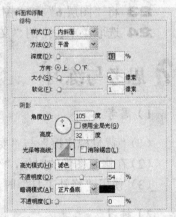

图 4-52 斜面和浮雕的设置

图 4-53 等高线的设置

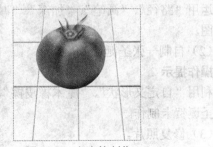

图 4-54 水滴的制作

18 制作西红柿的投影,把背景层作为当前图层,新建"图层5"。

19 按住 Ctrl 键单击"图层 1",载入西红柿的选区,将选区拖移到西红柿偏下的位置,如图 4-55 所示。将选区填充为 60%的灰色。

20 执行"图像"→"调整"→"亮度/对比度"命令,调整"图层 5"的亮度调为-37,对比度为 0,并在"图层"面板上将该图层的图层模式设为"正片叠底"。

21 制作西红柿倒映在瓷砖上的红色阴影。把"图层 5"作为当前图层,新建"图层 6",在画面中绘制如图 4-56 所示的椭圆形选区。

22 执行"选择"→"修改"→"羽化"命令,设置羽化值为 20。将选区填充为红色,将图层模式设为"正片叠底",改变图层的不透明度,效果如图 4-57 所示。

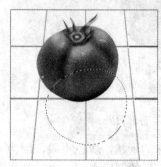
图 4-55 载入并拖移选区

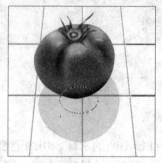
图 4-56 阴影选区

图 4-57 阴影效果

23 将"图层 6"和"图层 5"合并后命名为"图层 5"。

24 选取菜单栏中的"文件"→"存储为"命令,将此文件存储为"西红柿.psd"。

思考与练习

1)思考

(1)"背景橡皮擦"与"魔术橡皮擦"的区别有哪些?

(2)在修复图像的时候,"仿制图章工具"有什么作用?如何正确使用"仿制图章工具"?

(3)使用"修补工具"时,在属性栏上选择"源"和"目标"有何不同?

2)练习

(1)绘制西瓜。

操作提示

运用"路径"、"画笔"、"加深"、"减淡"等工具以及设置亮度/对比度、图层样式等画出西瓜图。

(2)自制一张圣诞贺卡。

操作提示

利用"自定义形状"、"魔术橡皮擦"、"路径"等工具以及设置亮度/对比度、图层样式等完成圣诞贺卡制作。

(3)修复照片。

操作提示

选取自己或家人的照片,利用"修复画笔工具"、"修补工具"等对照片进行修复。

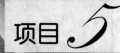

项目 *5*

填充及渐变工具的使用

项目应知

☑ 了解"渐变工具"的功能及5种渐变类型

☑ 了解"渐变编辑器"中各选项的含义

项目应会

☑ 掌握"渐变工具"选项栏中各选项的使用方法

☑ 掌握"渐变编辑器"的使用方法

☑ 利用"填充工具"实现不同效果的填充

一学就会——彩虹效果

项目说明

本项目效果如图5-1所示。雨后辽阔的草原上，空气清新，草色嫩绿，几只奶牛悠闲而惬意，远处天边那一架七色彩虹，为这千里牧场染上了梦幻般的色彩，多么令人心驰神往！本项目的制作使用"渐变"工具，以"径向渐变"填充方式绘制彩虹，然后使用矩形选框工具、羽化、自由变换等操作制作成彩虹效果。

图5-1 彩虹效果

设计流程

本项目设计流程如图5-2所示。

① 以"径向渐变"填充方式绘制彩虹环　　② 将羽化过的矩形框选择多余的部分删除、经过
　　　　　　　　　　　　　　　　　　　　　自由变换调整至合适的位置，绘制出彩虹效果

图 5-2 "彩虹效果"设计流程图

项目制作

任务 1　设置彩虹渐变色

操作步骤

1 单击工具箱中的"渐变工具"按钮，在工具选项栏中选择"径向渐变"按钮，然后单击"渐变编辑"按钮左侧颜色部分，打开"渐变编辑器"对话框，如图 5-3 所示。

2 在"渐变类型"的下拉列表中，选择"实底"。

3 在"色带"下方添加 7 个颜色色标，分别将颜色设置为：赤、橙、黄、绿、青、蓝、紫，如图 5-3 所示。

4 将 7 个颜色色标的"位置"参数依次设置为 71%、73%～83%，如图 5-4 所示。

★ **提 示**　色标的【位置】参数越大，"径向渐变"的半径越大。

5 在"色带"上方添加 4 个不透明度色标，"位置"参数依次设置为 68%、69%、85%、86%，左右两个不透明度色标的不透明度为 0%，中间两个不透明度色标的不透明度为 100%，如图 5-4 所示。

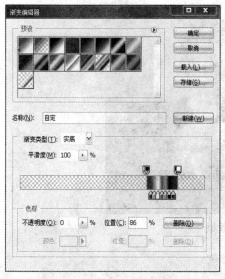

图 5-3　"渐变编辑器"对话框　　　　　　　　图 5-4　色标位置的设置

6 单击"确定"按钮 确定 ，完成彩虹渐变色的设置。

☞任务 **2**　制作彩虹

🖰操作步骤

1 单击"文件"→"打开"菜单命令，打开"奶牛"素材图片，如图 5-5 所示。

2 在图层面板中单击"创建新图层"按钮 ，创建一新图层并命名为"彩虹"。将光标移到素材图片的中心位置，按下鼠标左键向下拖曳填充渐变色，填充的效果如图 5-6 所示。

图 5-5　素材图片

图 5-6　填充的画面效果

⭐提　示　渐变线的长度决定了渐变填充的范围，即渐变线拉的越长，"径向渐变"的半径就越大。

3 单击工具箱中的"矩形选框工具"按钮 ，并在工具选项栏的羽化框中输入数值 10，然后创建矩形区域，如图 5-7 所示。

4 按下 Delete 键，删除选区内的彩虹渐变色，如图 5-8 所示。

图 5-7　绘制矩形区域

图 5-8　删除区域内的彩虹渐变色

5 单击"选择"→"取消选择"菜单命令，取消选区。

6 单击"编辑"→"自由变换"菜单命令，对余下的图像进行自由变换，调整其形态，如图 5-9 所示。

7 单击工具箱中的"模糊工具"按钮 ，在选项栏中设置强度为 60，适当选择画笔笔尖，在彩虹的边缘涂抹，使彩虹与天空自然融合。

8 在图层面板中，将"彩虹"图层的不透明度设置为 50%，效果如图 5-10 所示。

图 5-9　自由变换后的效果

图 5-10　设置不透明度后的效果

9 单击"文件"→"存储为"菜单命令，在打开的"存储为"对话框中重新命名为"彩虹效果"，进行保存。

归纳总结

☑ 本项目主要学习了"渐变工具"的使用，通过自定义彩虹渐变色，并以"径向渐变"填充方式绘制彩虹，使大家学会了"渐变编辑器"的使用，了解了渐变填充的 5 种不同效果。

☑ 使用渐变填充可以再现真实物体，达到以假乱真的效果。

知识延伸

1）渐变工具

使用"渐变工具"可以创建多种颜色间的逐渐过渡，实质上就是在图像中或图像的某一区域中填入一种具有多种颜色过渡的混合色。

★ **提示**　"渐变工具"不能够在位图和索引颜色模式下使用。

"渐变工具"的一般使用步骤如下。

1 单击工具箱中的"渐变工具"按钮 ▇▇。

2 设置工具选项栏中"渐变工具"的属性。

3 按住鼠标在图像中拖曳，形成一条直线，松开鼠标后渐变颜色即出现在图像中。在拖曳鼠标的过程中，直线的长度和方向非常关键，因为它们决定了渐变填充的效果和方向。直线越长，颜色间的过渡效果越自然。在拖曳鼠标时按住 Shift 键，可保证渐变的方向是水平、竖直或 45°角。

"渐变工具"的选项栏如图 5-11 所示。

图 5-11　"渐变工具"选项栏

● ▇▇▇ ："渐变编辑"按钮。单击其颜色部分，将弹出"渐变编辑器"对话框，可以在其中对渐变颜色进行设置。单击其右侧的下拉按钮 ，将弹出"渐变选项"面板，如图 5-12 所示，可以在其中选择一种渐变颜色进行填充。当把光标移到"渐变选项"面

板的渐变颜色上时，屏幕上会显示该渐变颜色的名
称。当使用"前景到背景"■或"前景到透明"■这
两种方式填充时，要预先设置前景色或背景色。

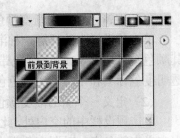

图 5-12　"渐变选项"面板

● ■□■□■■：："渐变工具"的 5 种模式应用效果如图 5-13
所示。

> ■■：："线性渐变"产生直线的渐变效果。
> ■■：："径向渐变"产生圆形渐变效果。
> ■■：："角度渐变"产生锥形渐变效果。

　　线性渐变　　　　　径向渐变　　　　　角度渐变　　　　　对称渐变　　　　　菱形渐变

图 5-13　各种渐变效果

> ■■：："对称渐变"产生轴对称直线渐变效果。
> ■■：："菱形渐变"产生菱形渐变效果。
● "反向"：选中此项，渐变颜色顺序会颠倒。
● "仿色"：选中此项，渐变颜色间的过渡会更加柔和。
● "透明区域"：选中此项，渐变编辑器中的不透明度才会生效，否则系统将不支持渐变
颜色的透明效果。

2）渐变编辑器

用户可以通过"渐变编辑器"对话框，编辑已存在的渐变颜色或者自定义一个新的渐变颜
色，如图 5-14 所示。

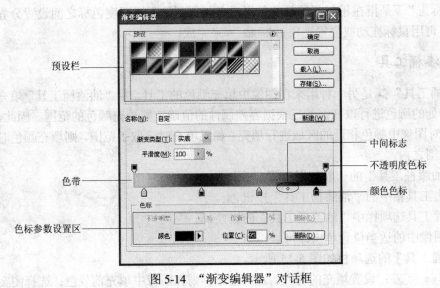

图 5-14　"渐变编辑器"对话框

（1）编辑已存在的渐变颜色

单击预设栏中的任意一种渐变颜色便可将其选中，其名称会自动出现在"名称"栏名称(N): 中，其颜色会自动出现在渐变"色带"上，相关属性也会显示出来。通过对渐变"色带"上方的"不透明度色标"和下方的"颜色色标"的重新设置就完成了该渐变颜色的编辑。

（2）定义一个新的渐变颜色

单击预设栏中的空白处，此时在预设栏中会多出一个渐变颜色，选中它，在"名称"栏名称(N): 中定义它的名字，对渐变色带上方和下方的色标进行设置就完成了新渐变颜色的定义。

（3）"渐变色带"的设置方法

在"渐变色带"上，可以在任意位置添加或删除"不透明度色标"和"颜色色标"，也可以调整色标的位置。

① 添加"渐变色带"上的色标

在紧贴"渐变色带"下方的任意位置单击鼠标可以添加新的颜色色标，之后单击下方的颜色选项颜色:▶或直接双击该颜色色标，可以在弹出的"拾色器"对话框中设置该色标的颜色，也可以单击颜色框右侧的▶按钮，在弹出的菜单中设置该色标的颜色为前景色或背景色。在位置选项位置(C): 100 % 右侧的文本框中可以设置该色标在整个"渐变颜色条"上的百分比位置，或者用鼠标拖动该色标。

② 删除"渐变色带"上的色标

在"渐变色带"下方单击要删除的颜色色标，然后单击颜色框右侧的"删除"按钮 删除(D)，或者拖动该颜色色标离开"渐变色带"即可删除该色标。注意原来"渐变色带"两端的颜色色标不能删除。

③ 改变"渐变色带"上的颜色

在"渐变色带"下方单击要改变颜色的色标，然后重新设置其颜色和位置属性即可。

④ 设置渐变颜色的透明度

单击"渐变色带"上方两端的不透明度色标，然后设置下方的不透明度和位置属性即可。也可在渐变颜色条上方添加或删除不透明度色标，方法与添加或删除颜色色标一样。

⑤ 设置"中间标志"

"中间标志"◇是指在相邻两种颜色色标或者相邻两种不透明度色标之间设置分界线。其位置的设定可用鼠标拖动或位置选项位置(C): 100 % 来完成。

3）油漆桶工具

"油漆桶工具"◇是另一种用来在图像中填充颜色的工具。用"油漆桶工具"填充颜色时会先对单击处的颜色进行取样，然后根据容差属性的值确定要填充颜色的范围。因此，"油漆桶工具"只对图像中颜色相近的区域进行填充。如果填充时选取了范围，则填充颜色时将被限制在选取范围之内。

（1）"油漆桶工具"的一般使用步骤。

1 单击工具箱中的"油漆桶工具"按钮◇。

2 设置工具选项栏中"油漆桶工具"的属性。

3 在图像中的适当位置单击即可。

"油漆桶工具"的选项栏如图 5-15 所示。

● 填充: 前景 ▼：设置填充的内容。选择前景，则在图像中填充前景色；选择图案，则右

侧的图案选项 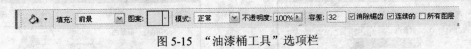 生效，单击图案选项，在弹出的"图案选项"窗口中选择合适的图案，则可在图像中填充该图案。

图 5-15　"油漆桶工具"选项栏

- 容差: 32 ：用于控制填充颜色的范围。该值越大，填充的范围就越大。
- ☑连续的：选中此项，将只在与取样点处像素相同或相近的相邻像素点中填充，否则将在与取样点处像素相同或相近的所有像素点中填充。

（2）使用"图案"填充

以"图案"方式填充时，选项栏中的"图案"选项被启用，单击"图案拾色器"的下拉按钮 █，将打开"图案拾色器"，如图 5-16 所示。选择所需要的图案样式，即可向图像区域内填充图案。

自定义图案：单击工具箱中的"魔棒工具"按钮，并确认工具选项栏中的"羽化"值为 0，然后在图像中创建要作为图案的图像区域，如图 5-17 所示。单击"编辑"→"定义图案"菜单命令，在弹出的"图案名称"对话框中输入图案名称，如图 5-18 所示，单击"确认"按钮后，所定义的图案即被添加到"图案拾色器"中，如图 5-19 所示。

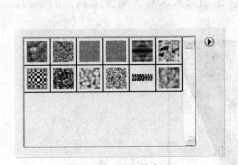

图 5-16　图案拾色器

图 5-17　创建图案选区

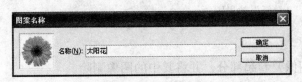

图 5-18　"图案名称"对话框

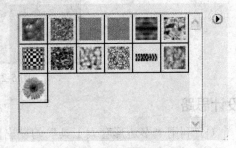

图 5-19　添加图案

（3）使用菜单命令"填充"

选择"编辑"→"填充"菜单命令，可以对选定的区域进行颜色填充。单击"编辑"→"填充"菜单命令，弹出"填充"对话框，如图 5-20 所示。

在"填充"对话框中，可在"使用"下拉列表中选择各种填充方式，如图 5-21 所示。

与"油漆桶工具"不同的是，使用"填充"命令对选区或图像进行填充，没有对颜色进行取样，不选择颜色范围，会对整个选区或图像进行填充。

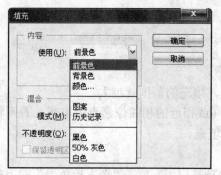
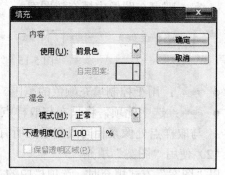

图 5-20 "填充"对话框   图 5-21 "使用"下拉列表

小试牛刀——卷纸效果

最终效果

一阵风从窗外袭来，将书案上放置的一幅画卷的一角轻轻卷起，这一瞬间的情景能绘制出来吗？利用"选区变换"和"路径"功能绘制卷起后的纸的一角的轮廓，再运用"自定义的渐变色"完成轮廓内颜色的填充。通过该项目的绘制，意在加强大家对"渐变工具"的掌握。

制作完成的最终效果如图 5-22 所示。

图 5-22 "卷纸"效果图

设计思路

① 利用"多边形套索工具"勾勒出图像要卷起部分，并将其中的图像删除。

② 对选取范围进行选区变换，并利用"椭圆选框工具"在原选区内减去部分选区。

③ 对调整后的选区范围进行线性渐变填充，从而得到纸被卷起来的效果。

操作步骤

1 打开素材图像文件"钟表图片.psd"，若是背景层图像，应将其转换为普通图层图像；若图像包含多个图层，应进行合并图层操作，如图 5-23 所示。

2 为使图像一角卷起后显示白色背景，应在图像下方新建一个白色图层，如图 5-24 所示。

图 5-23　原始图像

图 5-24　白色图层的位置

3 绘制卷起一角的选择范围。用"多边形套索工具"选择图像要卷起的区域，并删除其中的图像，效果如图 5-25 所示。

4 对选择范围执行变换选区操作，包括水平翻转、旋转等简单变换，效果如图 5-26 所示。

图 5-25　要卷起的区域

图 5-26　简单变换后的选取范围

5 单击工具箱中的"椭圆选框工具"，并在选项栏上单击"从选区中减去"按钮，从三角形选区的左下方适当减去一部分，如图 5-27 所示。

6 新建一图层，对选区内进行"线形渐变"填充，最终效果如图 5-28 所示。

图 5-27　卷起后的选取范围

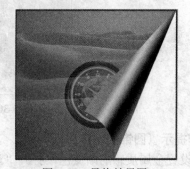

图 5-28　最终效果图

思考与练习

1）思考

（1）什么是渐变填充？

（2）渐变填充效果有哪几种？

（3）"填充工具"和"填充"命令的使用和效果有哪些不同？

2）练习

（1）绘制 Photoshop 安装盘，效果如图 5-29 所示。

图 5-29　Photoshop 安装盘效果图

操作提示

① 创建新文件，用"椭圆选框工具"创建正圆选区绘制同心圆。

② 选择"渐变工具"，用"径向渐变"方式从圆心开始在选区中填充渐变色。

③ 将绘制的光盘"描边"并输入文字。

（2）制作金属质感的立体图形：圆柱和圆锥，效果如图 5-30 所示。

图 5-30　立体图形效果图

操作提示（圆锥的制作）

① 设置金属质感的渐变色，打开"渐变编辑器"，从左至右均匀设置 4 个色标，其颜色分别为：RGB（126，92，26）；RGB（242，206，61）；RGB（56，21，2）；RGB（153，88，4）。

② 用"矩形选框工具"创建矩形选区，并用"椭圆选框工具"在矩形选区下部添加半个椭圆。

③ 新建一个图层，单击"渐变工具"用"线形渐变"方式填充选区。

④ 用"矩形选框工具"选择填充了渐变图形的矩形部分。

⑤ 单击"编辑"→"变换"→"透视"菜单命令，向左拖曳右上角的控点，使之变形为锥形。

（3）绘制苹果，效果如图 5-31 所示。

图 5-31　苹果效果图

操作提示

① 设置苹果的渐变色，打开"渐变编辑器"，从左至右设置 6 个色标，其位置分别为 0%、16%、36%、56%、76%、100%，其颜色分别为 RGB（55，70，15）；RGB（120，165，30）；RGB（185，240，100）；RGB（140，210，40）；RGB（55，110，5）；RGB（100，140，35）。

② 用"椭圆选框工具"创建正圆选区。

③ 创建新图层，单击"渐变工具"用"径向渐变"方式填充选区。

④ 创建新图层，用"画笔工具"绘制苹果梗。

⑤ 添加高光和阴影，使苹果更有质感。

图层和蒙版的使用

项目应知

- ☑ 了解图层的概念
- ☑ 了解图层的种类
- ☑ 了解蒙版的概念
- ☑ 了解蒙版的种类和作用

项目应会

- ☑ 认识"图层"面板
- ☑ 掌握"图层"的各项操作
- ☑ 掌握各类蒙版的使用方法

 一学就会——游泳馆贵宾卡

项目说明

本项目的效果如图 6-1 所示。本项目制作一张游泳馆贵宾卡,主要是绘制本馆的五环标识。五环标识是由 5 个大小相同颜色不同的圆环环环相套组成的。运用"选区"、"填充"和"变换选区"等操作绘制出第一个圆环后,再复制出其他 4 个圆环。利用选取范围的删减及图像的清除功能绘制环环相套的效果。通过该项目的绘制,了解图层的概念,体会图层功能在图像处理中的重要作用,同时掌握图层的操作技巧。

图 6-1 "五环水世界"效果图

设计流程

本项目的设计流程如图 6-2 所示。

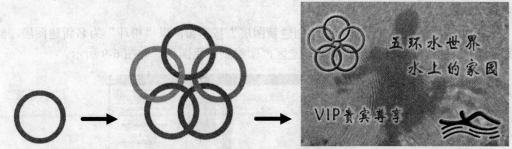

① 利用"选区"及"填充"
工具绘制蓝色圆环

② 以蓝色圆环为基础，复制出
其他 4 个圆环，并环环相套

③ 将五环标识与素材图片合成，输入文字，
并添加图层样式得到最终效果

图 6-2 "游泳馆贵宾卡"设计流程图

项目制作

☞任务 1 绘制蓝环

🖱操作步骤

1 单击"文件"→"新建"菜单命令，在弹出的"新建"对话框中创建宽度为 380 像素、高度为 380 像素、分辨率为 120ppi，颜色模式为 RGB、背景为白色的新文件。

2 按图 6-3 所示设置前景色为蓝色。

3 单击图层面板下方的"创建新图层"按钮，以"蓝环"为名创建新图层。

4 单击工具箱中的"椭圆选框工具"按钮，按住 shift 键，拖曳鼠标绘制出圆形区域，并填充前景色，如图 6-4 所示。

图 6-3 设置前景色为蓝色

5 单击"选择"→"变换选区"菜单命令，在选项栏上将缩放参数设置为 80%。缩放后的选区效果如图 6-5 所示。

6 按下 Delete 键，删除选区中的图像，如图 6-6 所示。

图 6-4 创建圆形选区

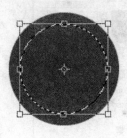

图 6-5 缩放选区

图 6-6 删除选区中的图像

☞**任务 2 绘制其他 4 个圆环**

🖱**操作步骤**

1 单击工具箱中的"魔棒工具"，并在画布中的"蓝环"上单击，得到蓝色圆环区域，如图 6-7 所示。

2 单击"图层"面板下方的"创建新图层"按钮，以"粉环"为名新建图层，然后按图 6-8 所示设置前景色为粉色，填充选区，即得到粉色圆环，如图 6-9 所示。

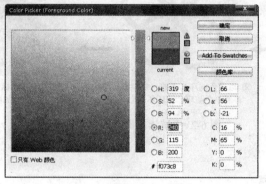

图 6-7 蓝色圆环的选区   图 6-8 设置前景色为粉色   图 6-9 粉色圆环

3 用同样方法依次制作紫色圆环，颜色设置如图 6-10 所示，填充后的紫环如图 6-11 所示；红色圆环的颜色设置如图 6-12 所示，填充后的红环如图 6-13 所示；绿色圆环的颜色设置如图 6-14 所示，填充后的绿环如图 6-15 所示。将各图层以圆环的颜色命名。

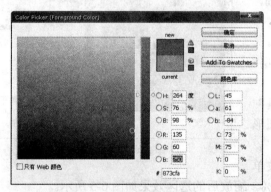

图 6-10 设置前景色为紫色   图 6-11 紫色圆环

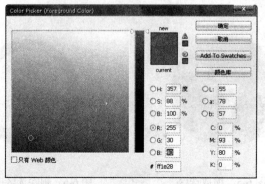

图 6-12 设置前景色为红色   图 6-13 红色圆环

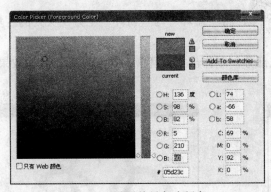

图 6-14　设置前景色为绿色

图 6-15　绿色圆环

⭐ **提　示**　5 个圆环一定要建在不同的图层上，这样才方便对各圆环进行移动、对齐、分布等操作。

4 单击"视图"→"显示"→"网格"菜单命令，打开网格线。

5 单击"图层"面板中相应的图层为当前图层，单击工具箱中的"移动工具"按钮 ，分别将 5 个圆环移到适当的位置，如图 6-16 所示。

6 单击"视图"→"显示"→"网格"菜单命令，关闭网格线。

☞**任务 3　绘制环环相套的效果**

🖐**操作步骤**

1 单击"图层"面板中的"蓝环"图层为当前图层，按下 Ctrl 键并单击图层面板中"蓝环"的缩览图，得到"蓝环"区域，如图 6-17 所示。

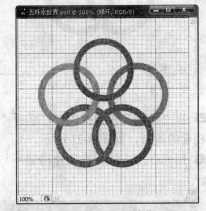

图 6-16　五环就位

2 同时按下 Shift+Ctrl+Alt 键，单击图层面板中"粉环"的缩览图，得到"蓝环"和"粉环"两个圆环的交叉区域，如图 6-18 所示。

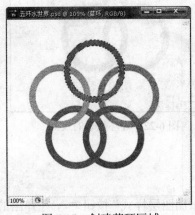

图 6-17　创建蓝环区域

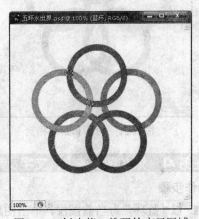

图 6-18　创建蓝、粉环的交叉区域

⭐ **提　示**　由于蓝环与粉环有两个交叉点，所以在得到蓝环区域的同时，粉环上也有两个区域，利用这两个区域可以绘制环环相套的效果。

3 单击工具箱中的"椭圆选框工具"，将"蓝环"与"粉环"上方交叉处的区域减去，如图 6-19 所示。

4 按下 Delete 键删除选区内的蓝色部分，制作出"蓝环"与"粉环"相套的效果，如图 6-20 所示。

图 6-19　减去上方区域

图 6-20　删除选区中的蓝色

5 以"粉环"为当前图层，选择"粉环"区域，重复步骤 1～4，制作出"粉环"与"紫环"相套的效果，如图 6-21 所示。

6 用同样的方法依次制作出紫环与红环、红环与绿环、绿环与蓝环相套的效果，如图 6-22 所示。

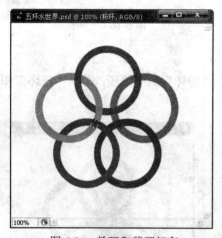

图 6-21　粉环和紫环相套

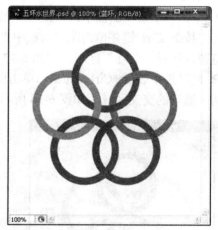

图 6-22　环环相套的效果

任务 **4** 　添加图层效果、文字及背景

操作步骤

1 以"蓝环"为当前图层，单击图层面板下方的"添加图层样式"按钮，在弹出的"图层样式"对话框中勾选"斜面和浮雕"项，为该图层添加图层样式，"图层样式"对话框如图 6-23 所示。

2 对每个圆环图层分别添加同样的"斜面和浮雕"效果，如图 6-24 所示。

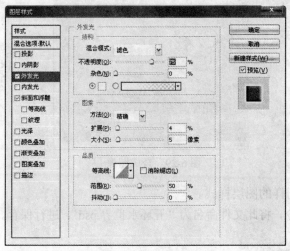

图 6-23 "图层样式"面板

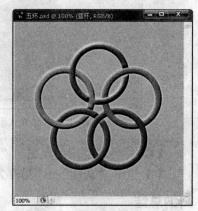

图 6-24 "斜面和浮雕"效果

3 按下 Ctrl 键，在"图层"面板中单击每一图层，即选择所有图层。再单击"图层"面板下方的"链接图层"按钮 ，如图 6-25 所示。

4 单击"图层"→"合并图层"菜单命令合并图层，并将图层重新命名为五环，如图 6-26 所示。

5 单击图层面板下方的"添加图层样式"按钮 *fx.*，在弹出的"图层样式"对话框中勾选"外发光"项，为该图层添加图层样式。

6 打开素材文件"泳"和"水世界"，如图 6-27、图 6-28 所示，将"五环"和"泳"图像均移到"水世界"文件中，如图 6-29 所示。

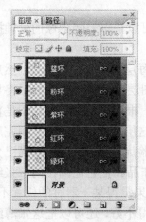

图 6-25 链接图层

图 6-26 合并图层

图 6-27 素材"泳"

7 设置前景色为淡紫色（R170、G30、B250）。

8 单击工具箱中的"横排文字工具" **T.**，分别输入文字"五环水世界"、"水上的家园"和"VIP 贵宾尊享"，如图 6-29 所示。

9 以"泳"为当前图层，单击图层面板下方的"添加图层样式"按钮 *fx.*，在弹出的"图层样式"对话框中勾选"斜面和浮雕"和"外发光"项，为该图层添加图层样式。

图 6-28　素材"水世界"

图 6-29　合成图像

10 给各文字图层添加与"泳"图层同样的图层样式。

11 单击"文件"→"另存为"菜单命令，将此文件命名为"五环水世界.psd"，进行保存。

归纳总结

☑ 本项目主要学习五环的绘制。在绘制过程中，为了实现五环环环相套，必须使 5 个环分别在不同的图层上，从中体会到图层在图像处理中的重要性及灵活性。

☑ 通过本项目学习，应该能够熟练掌握图层的概念以及"图层"面板和"图层"菜单的使用方法和技巧，明白图层在图像处理中起着举足轻重的作用。只有把图层的操作学好、用好，才能真正成为 Photoshop 的行家。

☑ 图层功能非常强大，可以为图片的后期加工带来意想不到的效果。

知识延伸

1）图层基础

　　Photoshop 处理图像的功能之所以强大，与图层密不可分，可以说每一幅图像的处理操作都要用到图层。那么，到底什么是图层呢？

　　图层也称层或图像层，它就像一张一张透明的薄纸，可以在每层上分别制作图像，然后按照层的上下排列顺序将所有图层叠放在一起，自上而下俯视所有图层就形成了图像的最终显示效果。比如说，要画一个人的脸，包括脸庞、眼睛、鼻子和嘴巴。根据图层的特性，不是直接把它们画在同一张纸上，而是先铺一层透明的薄纸，把脸庞画在这层透明的薄纸上。画完后再铺一层薄纸画上眼睛，再铺一层画鼻子，最后铺一层画嘴巴。将脸庞、鼻子、眼睛、嘴巴分别画在 4 个透明层上，最后叠放在一起组成最终效果。这样完成的作品和把它们画在同一张纸上的视觉效果是一样的。但分层制作的图像具有很强的可修改性，如果觉得某一器官的位置不对，可以单独移动其所在的那层薄纸以达到满意的效果。如果觉得画得不好，还可以把这张薄纸丢弃再铺一层重新画，根本不会影响到其他薄纸上的图像。这种方式，使图像编辑工作更加简单，更加具有弹性，最大可能地避免了重复劳动。而且，通过更改图层的顺序和属性，可以改变图像合成的最终效果。另外，使用图层功能，还可以产生许多手工绘画无法实现的意想不到的效果。

2）图层种类

　　在 Photoshop CS3 中，图层被分为背景图层、普通图层、文字图层、形状图层、填充图层、蒙版图层等 6 种。

（1）背景图层

使用白色或背景色创建图像文件时，"图层"面板中自动生成的图层为背景图层。背景图层是一个不透明的图层。一幅图像最多只能有一个背景图层。背景图层不能进行图层不透明度和色彩混合模式的操作。背景图层的图层名称为"背景"，始终放在"图层"面板的最底层，它的叠放次序是无法改变的，如图 6-30 所示。

双击"图层"面板上的背景图层，或者单击"图层"菜单栏中的"新建"→"背景图层"，都可以打开"新图层"对话框，如图 6-31 所示。在其中设置图层"名称"、"颜色"、"模式"和"不透明度"后，单击"好"按钮，即可将背景图层转换为普通图层。

图 6-30 "背景"图层

图 6-31 "新图层"对话框

在一个没有背景图层的图像中可以将其中某一个普通图层转换为背景图层。操作如下：在"图层"面板中选中一个普通图层，然后单击"图层"菜单栏中的"新建"→"图层背景"，即可将其转换为背景图层。

（2）普通图层

普通图层是透明无色的，它是 Photoshop CS3 中最普通的图层类型。几乎所有的 Photoshop 功能都可以在该图层上使用。

建立普通图层的方法如下。

【方法 1】 创建图像文件时，在"背景内容"列表框中选择透明，此时建立的就是普通图层。

【方法 2】 在"图层"面板中单击"创建新图层"按钮，也可以建立普通图层。

【方法 3】 单击"图层"菜单中的"新建"→"图层"，或者单击"图层"面板菜单中的"新图层"命令，打开"新图层"对话框来建立的图层也是普通图层，如图 6-32 所示。

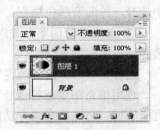

图 6-32 普通图层

新建的普通图层将出现在"图层"面板中，位于当前图层的上方，并成为新的当前图层。

（3）文本图层

用工具箱中的"文字工具"建立的图层就是文本图层。使用"文字工具"在图像中输入文字即产生一个文本图层，如图 6-33 所示。文本图层中包含文字的内容和格式，图层名为当前输入的文本。可以使用"编辑"菜单中"变换"子菜单中的命令对文字进行旋转、缩放、翻转等操作，但不能进行扭曲和透视操作。大多数绘图工具和编辑命令不能在文本图层中使用。如果要使用这些工具和命令，必须将文本图层转换为普通图层。单击"图层"菜单中的"栅格化"→"文字"命令，或者在"图层"面板中文字图层的名称处单击鼠标右键，在弹出的快捷菜单中选择"栅格化图层"，即可将文本图层转换为普通图层。文本图层转换为普通图层后，无法再还原回文本图层，它的内容不能再作为文本来编辑。

（4）形状图层

用工具箱中的"图形工具"在图像中创建图形后就会在"图层"面板中生成一个形状图层，该形状图形内将自动填充前景色，形状图形外的区域显示为透明，图层默认名字为形状 1，如图 6-34 所示。在"图层"面板中显示有一个"图层缩览图"和一个"图层蒙版缩览图"，双击"图层缩览图"将打开"拾色器"，可以重新设置形状图形的颜色。很多 Photoshop 编辑命令不能用在形状图层，必须将其转换为普通图层才可使用。单击"图层"菜单栏中的"栅格化"→"形状"命令即可转换。

图 6-33　文本图层

图 6-34　形状图层

（5）填充图层

直接在一幅图像上或者在图像上建立一个选取范围后，单击"图层"菜单中的"新填充图层"，在其子菜单中选择一种填充类型，或者在"图层"面板底部单击⊘按钮，在弹出的菜单中选择一种填充类型。选择某一种填充类型后，将打开"新图层"对话框，设置好各项参数后，单击"确定"按钮，会根据先前所选的填充类型的不同，分别出现以下 3 种情况。

① 如果选择纯色方式进行填充，会打开"拾色器"窗口，可以从中选择一种颜色进行填充。

② 如果选择渐变方式进行填充，会打开"渐变填充"对话框，如图 6-35 所示，可以从中选择一种渐变颜色填充。

③ 如果选择图案方式进行填充，会打开"图案填充"对话框，如图 6-36 所示，可以从中选择一种图案填充。

选择完毕，单击"确定"按钮后即建立了一个填充图层。

使用填充图层就好像让图像做了某种填充效果，但它与"编辑"菜单中的"填充"命令有所不同，它比填充命令功能更强大、使用更方便。由于填充图层在图像中单独作为一个图层出现，如图 6-37 所示。因此对其进行编辑不会改变原来图像的效果，这一点是填充命令达不到的。

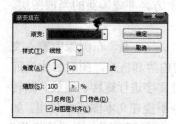
图 6-35　"渐变填充"对话框

图 6-36　"图案填充"对话框

图 6-37　填充图层

要修改填充图层中的内容，可以在"图层"面板中单击填充图层的"图层缩览图"，或者单击"图层"菜单中的"图层内容选项"命令。

要修改填充图层的填充类型，可以单击"图层"菜单中的"更改图层内容"命令，在其下一级菜单中选择一种类型即可。

填充图层是一种带蒙版的图层，在填充范围之外的区域显示为透明，可以在"通道"面板中对其蒙版执行"图层样式"和"滤镜"等操作，以产生特殊效果。当不需要这个蒙版时，可以将它从填充图层中删除。单击"图层"菜单中的"移去图层蒙版"→"扔掉"，或者在"图层"面板中拖动填充图层的"图层蒙版缩览图"至底部的 🗑 按钮上，此时会出现一个对话框，单击"不应用"即可。

另外，填充图层产生的填充效果只对它下方的图层有效。

（6）蒙版图层

蒙版图层可以控制图层或图层组中不同区域的显示效果，即某区域图像是否被"蒙住"。

3）图层面板

"图层"面板是进行图层操作时必不可少的工具，用于管理图像中的所有图层和图层效果。

要显示"图层"面板，方法是单击"窗口"菜单中的"图层"或者直接按 F7 键，如图 6-38 所示。

图 6-38 "图层"面板

- 正常 ▾ ："图层混合模式"。在此列表中可以选择不同的图层混合模式，以生成当前图层与其他图层合成在一起的效果。
- 不透明度: 100% ▸ "不透明度"。用于设置各个图层的不透明度。
- "锁定"：可以设置要锁定的图层内容，使被锁定的图形在编辑时不受影响。
  - ▷ ☒ "锁定透明像素"：可以将透明区域保护起来。使用绘图工具时，只会对不透明区域造成影响。
  - ▷ ✐ "锁定图像像素"：将当前图层保护起来，此时将不能在该图层上使用绘图工具。
  - ▷ ✛ "锁定位置"：不能够对锁定的图层做移动、自由变换等有关位置的操作。
  - ▷ 🔒 "锁定全部"：完全锁定当前图层，所有编辑操作均无法实现。
- 填充: 100% ▸ ："填充"。调节该图层上图像的不透明度，但不影响图层上的图层效果。
- 图层3 ："图层名称"。每个图层都有自己的名称，建立图层时系统会按建立的先后顺序给图层依次命名为图层 1，图层 2……若要重命名图层名称，用鼠标右键单击图层名称，在弹出的快捷菜单中选择"图层属性"命令，在"图层属性"对话框中修改即可。
- 👁 ："图层可视性"。用于显示或隐藏图层。用鼠标单击"眼睛"图标可以切换显示或者隐藏状态。
- 🔗 ："图层链接"。当出现图标时，表示该图层与当前图层链接在一起，可以与当前图层同时进行移动、对齐、变换合并等操作。
- 图层1 ："当前图层"。"图层"面板中被蓝色带覆盖的图层为当前图层，绝大部分编辑操作都是针对当前图层的。用鼠标单击图层所在行即可切换当前图层，当前图层行的图层底色由灰色变为蓝色。
- 🗊 ："创建新图层"。单击"图层"面板下方的该按钮可以建立一个新图层。

- ：“删除当前图层”。单击“图层”面板下方的该按钮可将当前图层删除，或者用鼠标拖曳图层到该按钮上也可删除图层。
- $fx.$：“添加图层样式”。单击“图层”面板下方的该按钮，打开一个菜单，可以从中选择一种样式应用于当前图层。应用过图层样式的图层，在其图层名称所在行的右侧会出现 $fx.$ 图标，双击该图标，可对图层样式的参数进行重新设置。
- ：“创建新的填充或调整图层”。在“图层”面板下方单击该按钮，打开一个菜单，从中选择以创建填充或调整图层。

4）图层菜单

（1）单击图层面板右上角的“下拉菜单”按钮▼≡，可以弹出“图层面板”菜单，如图 6-39 所示。

（2）用鼠标右键在“图层”面板的不同位置单击时可以弹出“快捷菜单”，如图 6-40 所示。

（3）单击“图层”菜单命令，可以弹出“下拉菜单”，如图 6-41 所示。

利用这些菜单，可以对图层进行各种操作。

图 6-39　“图层”菜单　　　　图 6-40　快捷菜单　　　　图 6-41　“图层”下拉菜单

5）图层的创建和编辑

（1）图层的创建

在 Photoshop 中可以用多种方法创建图层，一般建立的图层为普通图层。常用的创建方法有以下几种。

【方法 1】　单击图层面板中的“创建新图层”按钮 ，可以创建一个普通图层。

【方法 2】　单击“图层”→“新建”→“图层”菜单命令，打开“新建图层”对话框，如图 6-42 所示，输入图层名称，单击“确定”按钮，可以创建新图层。

【方法 3】　按快捷键 Shift+Ctrl+N 在当前图层的上面创建一个新图层。

（2）移动图层

要移动图层，只需把要移动的图层设为当前图层，然后使用“移动工具” 在图像上移动即可。如果要移动图层中的一部分图像，需先选取范围后再移动。

（3）复制图层

通过复制图层，既可实现同一图像内的图层复制，也可将图层复制到另一图像中。

首先将要复制的图层设置为当前图层，然后从上述菜单中执行"复制图层"命令。打开"复制图层"对话框，如图 6-43 所示，在"为（**A**）"后的文本框中输入复制后的图层名称，在"目的"选项组中的"文档（**D**）"列表框中为复制后的文件选取一个目标文件。如果选择新建，则"名称（**N**）"文本框将被激活，输入新建文件的名称。全部设置完成后，单击"确定"按钮即可完成复制。

图 6-42 "新建图层"对话框 　　　　　　图 6-43 "复制图层"对话框

如果是在同一图像内复制，可以在"图层"面板中用鼠标拖动要复制的图层到面板下方的"创建新图层"按钮 上，此时复制后的图层将出现在被复制图层的上方。

（4）删除图层

选中要删除的图层，然后从"图层"菜单中执行"删除"命令，或者在"图层"面板中用鼠标拖动要删除的图层到面板下方的 按钮上，即可将图层删除。

（5）改变图层的叠放次序

当图像由多个图层组成时，在"图层"面板中位于上方的图层总是遮盖下方的图层，通过改变图层上下的叠放顺序，可以改变图像的最终显示效果，如图 6-44、图 6-45 所示。

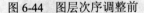

图 6-44　图层次序调整前 　　　　　　　图 6-45　图层次序调整后

首先选中要移动的图层，然后执行"图层"菜单中的"排列"子菜单中的命令，即可改变该图层的叠放次序。也可以在"图层"面板中用鼠标上下拖动图层到适当的位置来改变图层的叠放次序。

（6）图层的链接

按下 Ctrl 键，单击图层面板中多个需要链接的图层，这些图层就被同时选中，再单击图层面板下方的"链接"按钮 ，被选择的图层右侧就会出现链接标记 ，表示链接成功；取消链接时，再单击"链接"按钮 即可。

（7）图层合并

多个图层链接后，可以把这些图层合并为一个图层，以减少图像文件占用的磁盘空间。执行下拉菜单或面板菜单中的"合并"命令即可。

● "向下合并"：可以将当前图层与其下方的图层合并，而其他图层不参加合并。如果要合并一些次序不相邻的图层，可先选定一个图层作为当前图层，然后在"图层"面板中将想要与之合并的其他图层链接，执行此命令即可合并所有已链接的图层。

● "合并可见图层"：只是合并图像中所有显示的图层，而隐藏的图层仍然存在并保持不变。

● "拼合图像"：合并图像中所有显示的图层，隐藏的图层将被扔掉。在合并过程中，会出现对话框，询问用户是否扔掉隐藏图层，如图 6-46 所示。

图 6-46 "拼合图层"时的询问对话框

（8）图层组的创建

在 Photoshop 中，完成一个图像的编辑通常需要很多图层，创建图层组是为了更方便、有效地管理图层面板。

单击"图层"面板下方的"创建新组"按钮，将会在当前层上方创建一个名为："组 1"的图层组。可以在该组内直接创建新图层，也可以拖曳某图层至组内，如图 6-47 所示。

折叠图层组可以减少"图层"面板的混乱，使"图层"面板更有条理。

图 6-47 创建图层组

6）图层样式

利用"图层样式"可以快速地将各种效果套用在正在编辑的图像上，并可以自定义样式，存储在"样式"面板中，以方便使用。

（1）"样式"控制面板

"样式"控制面板如图 6-48 所示，这个面板就是 Photoshop 提供的一个效果和材质库，可以方便、快捷地为图像添加各种样式，给图像增加丰富多彩的艺术和材质效果。除了默认的"样式"外，还可以"载入"更多的样式。

图 6-48 "样式"控制面板

使用"样式"控制面板为图像添加效果很方便，在"图层"控制面板中选择要添加样式的图层，单击"样式"控制面板中要添加的样式即可。如单击样式"蓝色玻璃"按钮、"日落天空"按钮，瞬间就将所选"样式"添加到了图像上，效果如图 6-49 所示。

原图　　　　　　　"蓝色玻璃"样式效果　　　　　　"日落天空"样式效果

图 6-49 图层样式的应用

（2）新建图层样式

利用"图层样式"对话框，可以创建自定义样式。用以下方法可以打开"图层样式"对话框，如图 6-50 所示。

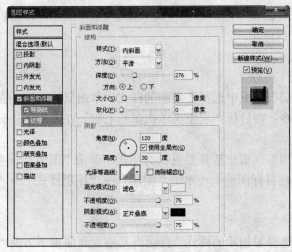

图 6-50 "图层样式"对话框

【方法1】 双击"图层"面板中的某一图层。

【方法2】 单击"图层"→"图层样式"→"混合选项"命令。

【方法3】 单击"图层"面板中的"图层样式"按钮*fx.*，在弹出的菜单中选择任一命令。

在这个对话框中，可以设置的图层样式有：混合选项、投影、内阴影、外发光、内发光、斜面和浮雕、光泽、颜色叠加、渐变叠加、图案叠加、描边等，各"样式"效果如下。

- 投影：在图像背后添加阴影，模拟投影效果，使平面图像产生立体效果。
- 内阴影：在图像内部边缘产生阴影，使图像如同裁剪过的效果。
- 外发光：在图像边界以外的区域增加光晕效果。
- 内发光：从图像的边缘向内发光。
- 斜面和浮雕：在图像上产生各种立体效果。
- 光泽：在图像上添加单一的色彩，并在边缘部分产生柔化效果。
- 颜色叠加、渐变叠加、图案叠加：在图像上分别填充单一颜色、渐变色和图案。
- 描边：在图像外边缘添加边框。

设置图层样式时，在"图层样式"对话框中勾选该项即可。如果需要设置该项的参数，可单击该样式的"文字"标题。

例如，给图像添加立体效果，先在"图层样式"对话框中勾选"斜面和浮雕"项。如果效果不满意，单击文字"斜面和浮雕"，可以进一步设置"样式"、"方法"、"深度"、"方向"、"大小"、"锐化"等参数，从而得到不同的立体效果，如图 6-51 所示。

原图

不同的"斜面和浮雕"效果

图 6-51 "斜面和浮雕"效果

单击 "图层样式" 对话框中的 "新建样式" 按钮 新建样式(W)... ，可将自定义样式存入 "样式预设" 框中，以方便今后使用。

（3）复制图层样式

复制图层样式有以下方法。

【方法1】 在 "图层" 面板中选择要复制的样式，单击鼠标右键，在弹出的快捷菜单中选择 "复制图层样式" 命令；在目标图层上再单击鼠标右键，在弹出的快捷菜单中选择 "粘贴图层样式" 命令即可。

【方法2】 在 "图层" 面板中选择要复制的样式，单击 "图层" → "图层样式" → "复制图层样式" 菜单命令；在目标图层上再单击 "图层" → "图层样式" → "粘贴图层样式" 菜单命令即可。

（4）删除图层样式

在 "图层" 面板中选择要删除的样式，直接将其拖曳到面板下方的 "删除图层" 按钮 🗑 中即可。

7）蒙版的建立和使用

蒙版是一个用来保护部分区域不受编辑影响的工具，蒙版所覆盖的区域不会被任何操作所修改。

图层蒙版可以控制图层中不同区域的图像被显示或隐藏，即可以将图像处理成透明、半透明或不透明的效果，在拼合多个图像时有着独特的作用。在图层蒙版中，采用白色表示显示全部图像，黑色表示遮挡全部图像，灰度区域表示透明度，不同程度的灰色蒙版表示图像以不同程度的透明度显示。

（1）蒙版的建立和使用

下面以实例"用图层蒙版制作透明的酒杯效果"来介绍蒙版的建立和使用，具体步骤如下。

1 打开素材文件 "酒杯" 和 "桌面"。将 "酒杯" 文件中的酒杯移至 "桌面" 文件中，如图 6-52 所示。

图 6-52 将酒杯移至 "桌面" 文件中

2 单击 "图层" 面板下方的 "添加图层蒙版" 按钮 ▢，为 "酒杯" 层创建一个蒙版。在 "图层缩览图" 的右侧会出现 "图层蒙版缩览图"，如图 6-53 所示。

★小技巧 在 "图层" 面板中直接单击 "添加图层蒙版" 按钮，产生的蒙版为白色；按住 Alt 键再单击 "添加图层蒙版" 按钮，产生的蒙版为黑色；在生成的蒙版上按 Ctrl+I 键，可以在两种状态间切换。

3 设置前景色为 R200、G200、B200，用画笔在酒杯中无酒处涂抹，使之比较清晰地显示出背景图案，如图 6-54 所示。

4 设置前景色为 R200、G200、B200，用画笔在酒杯中有酒处涂抹，使之不太清晰地显示出背景图案，如图 6-54 所示。

图层蒙版缩览图

图 6-53　添加图层蒙版　　　　　　　　　图 6-54　酒杯的透明效果

★ **提 示**　在"图层"面板中，按住 Alt 键并单击蒙版层，可以在"图层"与"蒙版"编辑模式间快速切换；或直接单击"图层缩览图"可切换到图层编辑方式，单击"图层蒙版缩览图"可切换到图层蒙版编辑模式。

（2）停用／启用图层蒙版

在"图层"面板中，鼠标指向"图层蒙版缩览图"，单击鼠标右键，在弹出的快捷菜单中单击"停用图层蒙版"命令，可暂时将图层蒙版隐藏起来；单击"启用图层蒙版"命令，可以重新显示图层蒙版。

★ **小技巧**　按住 Shift 键并单击蒙版层可以暂时取消或者重载蒙板。

（3）应用／删除图层蒙版

在"图层"面板中，鼠标指向"图层蒙版缩览图"，单击鼠标右键，在弹出的快捷菜单中单击"应用图层蒙版"命令，蒙版效果就会应用到图层上，并且不再显示"蒙版缩览图"；单击"删除图层蒙版"命令，就会去掉蒙版效果。

8）贴入命令

"贴入"命令位于菜单栏的"编辑"菜单内，它用于粘贴操作，但是它又不同于"粘贴"命令。使用该命令之前，需先选取一个范围，如图 6-55、图 6-56 所示。执行该命令后，在"图层"面板会产生一个新图层，并用蒙版将选取范围之外粘贴入的图像遮住，粘贴入的图像只能在选取范围内显示，如图 6-57 所示。不过，选择范围之外的图像仅仅被遮住而已，使用工具箱中的"移动工具"来移动图像时，可以使选择范围内的图像显示发生变化，如图 6-58 所示。

图 6-55　原始图像

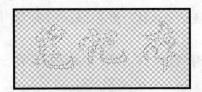
图 6-56　选取范围

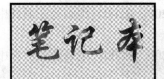
图 6-57　贴入的效果

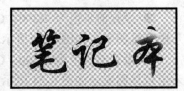
图 6-58　移动图像后新的贴入效果

9）快速蒙版、剪贴蒙版

（1）快速蒙版

快速蒙版的功能类似选区，选区工具处理简单图像还可以，对于边界复杂的图像来说，使用蒙版更方便。蒙版和选区之间可以互相转换，但是蒙版的修改、变形比选区更加自由和灵活。

快速蒙版是一个可视的区域，可以使用各种绘图、编辑工具进行处理，具有良好的可控制性。缺省状态下，快速蒙版的颜色是半透明的红色，被它遮盖的区域是非选择部分，未被遮盖的区域是选择部分。

快速蒙版的创建和应用步骤如下。

1 打开素材文件"婚纱照"，用选区工具初步选择选区，如图 6-59 所示。

2 单击工具箱中的"以标准模式编辑"按钮，切换到"以快速蒙版模式编辑"按钮，未被半透明的红色遮住部分为选区内，如图 6-60 所示。

图 6-59　用"选区工具"创建选区

图 6-60　切换"快速蒙版模式编辑"

3 用"画笔工具"涂抹可以扩展选区，用"橡皮工具"涂抹可以收缩选区。应细心地沿着人物的边缘涂抹，以绘制准确的选区，如图 6-61 所示。最后完成的效果如图 6-62 所示。

图 6-61　以"快速蒙版"模式编辑选区

图 6-62　修改后的蒙版

4 单击工具箱中的"以快速蒙版模式编辑"按钮 ⓞ，切换到"以标准模式编辑"按钮 ⓞ，所创建的选区如图 6-63 所示。

5 将选区内的人物移至新文件中，以备后用，如图 6-64 所示。

图 6-63　"蒙版"转换为"选区"　　　　　　图 6-64　最后选取的人物

（2）剪贴蒙版

图层剪贴蒙版是使用下方图层的透明像素遮盖其上方图层的内容，遮盖效果由基底图层的图像决定。即下方图层中的图像控制上方图层的显示范围和图像的虚实。使用图层的各种菜单可以"创建"和"释放"图层剪贴蒙版。

剪贴蒙版的创建和应用步骤如下。

1 以白色为背景，宽 380 像素、高 500 像素、RGB 色彩模式创建新文件，名为"剪贴蒙版效果"。

2 用"圆角矩形工具" ▢ 绘制圆角正方形，并定义为图案，如图 6-65 所示。

图 6-65　定义图案

3 创建新图层，用自定义的图案填充，并删除白色区域中的图像，如图 6-66 所示。

4 打开素材文件"明星"，全选并移至"剪贴蒙版效果"文件中，适当调整大小和位置。

5 在明星图像层单击鼠标右键，在弹出的快捷菜单中选择"创建剪贴蒙版"命令，即为该层创建了剪贴蒙版，如图 6-67 所示。"剪贴蒙版"的显示效果如图 6-68 所示。

 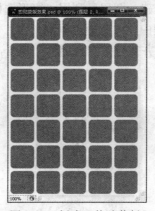 

图 6-66　图案填充　　　　图 6-67　创建"剪贴蒙版"　　　图 6-68　"剪贴蒙版"显示效果

小试牛刀——电脑显示屏

最终效果

利用"渐变工具"和"图像变换"功能将电脑显示屏的 4 个边框、按钮和底座分别绘制在不同的图层上，再按照图层的叠放次序合成电脑显示屏。通过该项目的绘制，意在增强对图层的理解。

制作完成的最终效果如图 6-69 所示。

图 6-69 "电脑显示屏"效果图

设计思路

① 载入一幅图像并设置好背景色。
② 利用"线性渐变填充"和"图像变换"功能绘制显示器的边框。
③ 利用"径向渐变工具"绘制按钮。
④ 利用"角度渐变"和"选取范围变换"绘制底座。
⑤ 绘制阴影。

操作步骤

1 新建一个文件，将其背景设置为蓝白渐变色。

2 载入素材图像文件"樱桃.jpg"，利用"自由变换"功能将其调整到合适大小，以用作电脑显示。

3 绘制显示器的 4 个框。新建一图层，利用"矩形选框工具"、"线性渐变填充"和"外发光"，绘制出下边框。绘制过程中要注意矩形框的长度，如图 6-70 所示。

4 复制下边框所在的图层，并执行"垂直翻转"命令，将其作为上边框。如图 6-71、图 6-72 所示。

图 6-70 下边框　　　　　　图 6-71 下边框就位　　　　　　图 6-72 上边框就位

5 再次复制下边框所在的图层，并将其顺时针旋转 90°，执行"透视"和"缩放变换"，将其作为右边框。如图 6-73、图 6-74 所示。

6 复制右边框所在的图层，并执行"水平翻转"命令后，将其作为左边框，如图 6-75 所示。

7 绘制按钮。新建一图层，利用"椭圆选框工具"和"径向渐变填充"绘制出圆形按钮。

图 6-73　右边框

图 6-74　右边框就位

图 6-75　边框最终效果

8 对该按钮添加图层样式，包括投影、外发光、斜面和浮雕效果。

9 多次复制该按钮所在图层后，利用"移动工具"将各个按钮安放在合适位置。

10 对最右端的按钮执行缩放变换，将其适当变大，如图 6-76 所示。

11 绘制底座。设置底座的渐变色。从左至右颜色色标分别设置为 RGB（125，125，125）；RGB（220，220，220）；RGB（125，125，125）。如图 6-77 所示。

> ★ 小技巧 用"角度渐变"填充选区时，会出现一条突兀的线。编辑渐变时，将色带两端的颜色色标定义成相同的颜色，即可避免这种现象。

12 新建一图层，利用"椭圆选框工具"和"角度渐变"填充绘制出一个底座的雏形，如图 6-78 所示。

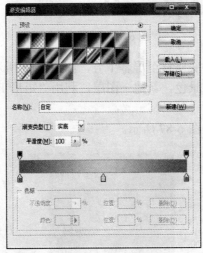

图 6-76　按钮效果　　　　图 6-77　设置渐变色　　　　图 6-78　"角度渐变"填充效果

13 执行"图层样式"中的"描边"操作，如图 6-79 所示。

14 按键盘上的"上移"键 4 次，将选取范围上移，按 Shift+Ctrl+I 键反转选取范围，如图 6-80 所示。

15 按 Ctrl+Alt+Shift 键并在该图层上单击鼠标，载入选区，如图 6-81 所示。

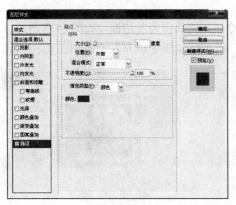

图 6-79　"图层样式"对话框　　　　图 6-80　选择范围反转　　　图 6-81　边缘的选取范围

16 在选取范围内填充颜色，下层底座绘制完毕，如图 6-82 所示。

17 对其进行复制，形成一副本图层，对副本图层进行自由变换，缩至 70%，上层底座绘制完毕，如图 6-83 所示。

18 利用"移动工具"将上层底座移至合适位置。

19 将上、下底座进行图层合并，如图 6-84 所示。

图 6-82　下底座　　　　　　　图 6-83　上底座　　　　　　　图 6-84　底座最终效果

20 利用"移动工具"将底座移至屏幕下方，如图 6-85 所示。

21 绘制阴影。设置好前景色，新建一图层，利用"矩形工具"和"斜切变换"绘制阴影的形状，如图 6-86 所示。

22 栅格化阴影图层，如图 6-87 所示。

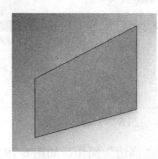

图 6-85　底座就位　　　　　　图 6-86　阴影形状　　　　　　图 6-87　栅格化后的阴影

23 对阴影图层执行高斯模糊，如图 6-88、图 6-89 所示。

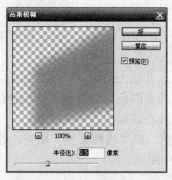

图 6-88 "高斯模糊"对话框

图 6-89 "高斯模糊"后的阴影

24 最终效果如图 6-90 所示。

图 6-90 最终效果图

思考与练习

1）思考

（1）怎么理解图层？图层分哪几类？

（2）背景图层有哪些特点？文本图层有哪些特点？

（3）什么情况下要合并图层？

（4）蒙版有几种类型？分别有哪些应用效果？

2）练习

（1）绘制台球，效果如图 6-91 所示。

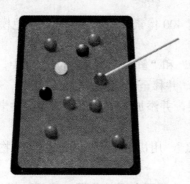

图 6-91 台球满桌效果图

操作提示

① 新建图层，用"圆角矩形工具"绘制台球桌面，并加以透视变换，利用图层样式中的"斜面和浮雕"样式绘制出具有立体效果的台球桌面。

② 新建图层，用"径向渐变"绘制出一个台球，并加上阴影以产生更强的立体效果。

③ 复制绘制好的台球，并用"颜色替换工具"改变颜色，以得到不同颜色的台球。

④ 创建图层组并命名为台球，将所有的台球层放在该组中。

⑤ 新建图层，用"矩形选框工具"创建球杆选区，以"线性渐变"填充，并添加"斜面和浮雕"图层样式，绘制出台球球杆，效果如图 6-91 所示。

（2）绘制按钮，效果如图 6-92 所示。

图 6-92　按钮效果图

（3）用快速蒙版制作"艺术婚纱照"，效果如图 6-93 所示。

图 6-93　"艺术婚纱照"效果

操作提示

① 创建以白色为背景、宽 400 像素、高 520 像素、颜色模式为 RGB、文件名为"艺术婚纱照"的新文件。

② 打开素材文件"鲜花 1"和"鲜花 2"，移到新文件中，并将"鲜花 2"放在"鲜花 1"的上层。适当变换图像的大小，并移至合适的位置。

③ 以"鲜花 2"为当前层，并添加图层蒙版，用"线性渐变"填充图层蒙版，使两个图层中的图像自然融合。

④ 打开素材文件"婚纱照"，用快速蒙版的方法创建人物选区，并移至"艺术婚纱照"文件中。

⑤ 适当变换人物的大小，并移至合适的位置，最后效果如图 6-93 所示。

项目 **7**

文字工具的使用

项目应知

☑ 了解文字可以输入为点文字和段落文字

☑ 了解文字工具和文字蒙版工具的不同

☑ 认识文字工具及文字工具属性栏

项目应会

☑ 掌握文字的输入和编辑方法

☑ 掌握设置字符和段落格式的方法

☑ 掌握设置文字样式的方法

☑ 灵活利用文字工具结合图例进行实际操作

一学就会——扇面文字

项目说明

一轮明月在海上升起，你我天各一方，共赏出海的月亮。张九龄的诗"望月怀远"寄托了亲人天各一方的思念之情。

本项目效果如图 7-1 所示。本项目主要练习"文字工具"的使用、"文字工具"属性栏的各项功能，并使用添加"图层样式"、"滤镜"等操作制作一幅扇面文字效果图。

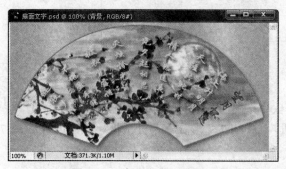

图 7-1 "扇面文字"效果图

设计流程

本项目设计流程如图 7-2 所示。

① 利用"直排文字工具"输入张九龄的诗"望月怀远"，　　　② 利用"选区工具"为扇形文字添加扇形图背景
利用"变形文本"对话框，设置文字样式为"扇形"　　　　　　以增加艺术效果

图 7-2　"扇面文字"设计流程图

项目制作

☞任务 **1**　输入文本，设置文字样式为"扇形"

利用"直排文字工具"输入文本，并利用"变形文字"对话框设置文字样式为"扇形"。

🖱操作步骤

1 单击"文件"→"新建"菜单命令，新建一个宽 500 像素、高 260 像素、分辨率为 72ppi、颜色模式为 RGB、背景为白色、文件名为"扇形文字"的新文件。

2 设置前景色为 RGB（50，160，40），即绿色。单击"直排文字工具"ⅠT，字符设置如图 7-3 所示。输入张九龄的诗名"望月怀远"，此时产生一个新文字图层"望月怀远"。

3 设置前景色为 RGB（250，250，0），即黄色。单击"直排文字工具"ⅠT，字体设置如图 7-4 所示，输入"望月怀远" 的内容：海上升明月，天涯共此时；情人怨遥夜，竟夕起相思；灭烛怜光满，披衣觉露滋；不堪盈手赠，还寝梦佳期。在整首诗的输入中，每一个标点符号处输入回车，文字全部输入完后效果如图 7-5 所示。此时产生一个新文字图层"海上升明月"。

图 7-3　标题字符设置　　　图 7-4　正文字符设置　　　　图 7-5　输入文字

4 在"图层"面板中选择"海上升明月"层，在"文字工具"的工具属性栏中单击"创建变形文本"按钮ᛗ，弹出"变形文字"对话框，参数设置如图 7-6 所示，单击[确定]按钮。

★ 提 示　如果"扇形"样式效果不够理想，可执行"编辑"→"自由变换"菜单命令，再做一些调整。

5 在"图层"面板中选择"望月怀远"层，执行"编辑"→"自由变换"菜单命令，调整、旋转文字"望月怀远"，效果如图 7-7 所示。

图7-6 变形字参数设置

图7-7 扇形文字效果

👉任务2 为扇形文字添加扇形图像背景

利用"移动"、"选区"和"渐变工具"为扇形文字添加扇形图像及背景,并通过添加"图层样式"及"滤镜"以增加艺术效果。

🖱️**操作步骤**

1 打开素材文件"月色.jpg",单击工具箱中的"矩形选框工具"□,选取部分图像,如图7-8所示。将矩形选区中的图像移至"扇形文字"图像文件中,并置于文字图层下方,命名为"月色"。

2 在"图层"面板中选择"望月怀远"为当前图层,单击"添加图层样式"按钮 *f*.,在菜单中选择"投影"命令,在弹出的"图层样式"对话框中为"望月怀远"层添加黄色投影。

3 用同样的方法为"海上升明月"层添加绿色投影,效果如图7-9所示。

图7-8 "月色"的图像文件

图7-9 给文字层添加投影

4 单击"视图"→"标尺"菜单命令,显示出标尺并拉出参考线,如图7-10所示。单击工具箱中的"多边形套索工具"♀.,画出如图7-10所示的选区。

5 单击"选择"→"反向"菜单命令,在"图层"面板中选择"月色"为当前图层,按Delete键,删除选区中的图像,如图7-11所示。

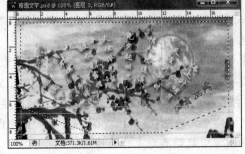

图7-10 设置参考线

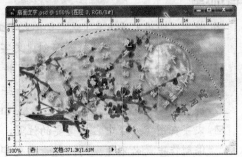

图7-11 创建扇形上方椭圆选区

6 单击工具箱中的"椭圆选框工具" ○，创建椭圆选区，如图 7-11 所示。

7 以"月色"为当前图层，单击"选择"→"反向"菜单命令，按 Delete 键，删除选区内的图像，如图 7-12 所示。

8 单击工具箱中的"椭圆选框工具" ○，创建椭圆选区，如图 7-12 所示。

9 以"月色"为当前图层，按 Delete 键，删除选区内的图像，即完成了扇面的绘制，如图 7-13 所示。

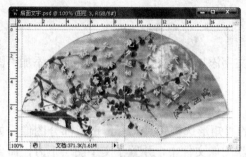

图 7-12　创建扇形下方椭圆选区

图 7-13　扇面效果

★ **提示**　绘制扇面最好用"路径"的方法，但在下一个项目才能学到关于"路径"的操作。这里，不妨先用"选区"的方法来绘制扇面。

10 关闭参考线和标尺。

11 设置前景色为 RGB（160，160，160），即灰色。单击"编辑"→"描边"菜单命令，为扇形描 2 个像素的灰边，如图 7-13 所示。

12 在"图层"面板中单击"添加图层样式"按钮 ƒx，在弹出的菜单中选择"投影"命令，在打开的"图层样式"对话框中为扇形添加灰色投影效果，如图 7-13 所示。

13 在"图层"面板中单击"创建新图层"按钮 □，在"背景"层上方添加一新图层。

14 单击"渐变工具"按钮 □，在"渐变编辑器"中设置渐变填充色为灰绿相间的颜色，如图 7-14 所示。

15 在新图层上以"线性渐变"填充。单击"滤镜"→"艺术效果"→"海绵"菜单命令，为背景添加艺术效果。

图 7-14　设置渐变填充色

16 将新图层的填充值设置为 60%，并与背景层合并，最终效果如图 7-1 所示。

归纳总结

☑ 使用"横排文字工具"或"直排文字工具"输入文字，可创建一个新图层——"文字图层"。使用"文字蒙版工具"可以创建文字外形的选区，并不产生文字图层。

☑ 文字图层是一种特殊的图层，具有特定的属性，如可以设置字形、字体、字号及文字变形，字符和段落的调整等，但是也有一些不能对文字图层进行的操作，如渐变填充、描边、变换中的透视操作等。文字图层栅格化以后就不再具有文字图层的属性，而成为了普通图层。

☑ 文字在图像处理中占有重要的位置，在生活中随处可见的包装、招贴和海报等平面图形图像创作中是必不可少的。神奇的文字特效可在图像中起到画龙点睛的作用。

知识延伸

1）文字工具

Photoshop 中可以按点文字和段落文字两种方式输入文字。点文字以单行的方式输入，只有字符格式；段落文字除了具有字符格式外，还有段落格式。文字格式用"字符"面板进行设置，段落格式用"段落"面板进行设置。

工具箱内的文字工具有 4 个，如图 7-15 所示。

（1）横排文字工具

单击工具箱中的"横排文本工具"按钮 **T**，将鼠标移至图像文件中，此时光标形状变为 🔲 状，单击鼠标，即可输入文字（此时输入的文字叫点文字），然后单击工具选项栏中"提交所有当前编辑"按钮 **✔**，完成文字的输入。此时即创建了一个新的文字图层。

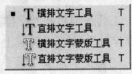

图 7-15　文字工具组

★ **小技巧**　输入文字时，拖曳鼠标可以移动文字；按 Ctrl 键可以切换到变换状态，可对文字进行各种变换。

单击工具箱中的"横排文字工具"按钮 **T**，此时的选项栏如图 7-16 所示。

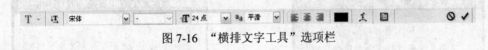

图 7-16　"横排文字工具"选项栏

- 宋体 ：用来设置字体。
- - ：用来设置字体样式。字体样式有常规（Regular）、斜体（Italic）、加粗（Bold）和斜体加粗（Bold Italic）等。

★ **提　示**　不是所有字体都具有这些字型。

- 60点 ：用来设置字体大小。可以选择下拉列表框内提供的大小数据，也可以直接在文本框内输入数值。单位有毫米（mm）、像素（px）和点（pt）。
- 平滑 ：用来设置是否消除文字的边缘锯齿，以及采用什么方式消除文字的边缘锯齿。设置消除锯齿的 5 个选项如下。
  - ➢ 无：不消除锯齿，对于很小的文字，消除锯齿后会使文字模糊。
  - ➢ 锐化：使文字边缘锐化。
  - ➢ 明晰：消除锯齿，使文字边缘清晰。
  - ➢ 强：稍过度的消除锯齿。
  - ➢ 平滑：产生平滑的效果。
- ▓▓▓ ▓▓▓ ▓▓▓：文字水平排列时，分别设置文字相对于文字输入的起点居左、居中或居右对齐。
- ■："设置文本颜色"。它可调出"拾色器"对话框，用来设置文字的颜色。
- ⏚："创建变形文本"。可调出"变形文字"对话框。
- ▤："显示字符和段落面板"。可以调出"字符"和"段落"面板。
- ⏉："更改文本方向"。可将垂直文字改为水平文字或将水平文字改为垂直文字。

★ 提示　在输入文字时，选项栏中将会增加两个按钮："提交所有当前编辑"按钮✔，用于保留输入的文字；"取消所有当前编辑"按钮◎，用于取消输入的文字。

（2）直排文字工具

"直排文字工具" **T**与"横排文字工具" **T**的操作方法相同，只是输入的文字是竖直排列的。

单击工具箱内的"直排文字工具"按钮 **T**，此时的选项栏如图 7-17 所示。

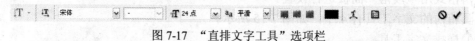

图 7-17　"直排文字工具"选项栏

工具选项栏和"横排文字工具"基本相同，所不同的是文字在垂直排列时，设置文字相对于文字输入的起点为居上、居中或居下对齐（▥▥▥）。

（3）文字蒙版工具

单击工具箱内的"横排文字蒙版工具" **T**或"直排文字蒙版工具" **T**，此时的选项栏与图 7-16 基本相同。将光标移至图像文件中单击，即可在当前图层上加入一个红色的蒙版，并出现一个竖线或横线光标，此时即可输入文字，如图 7-18 所示。输入文字后不产生新图层，文字以选区的方式呈现，如图 7-19 所示。

图 7-18　横排文字蒙版

图 7-19　文字以选区的方式呈现

2）字符和段落面板

（1）"字符"面板

单击工具箱内的"横排文字工具"按钮 **T**，再单击"显示字符和段落"面板按钮 ▤，可以调出"字符"面板，如图 7-20 所示。"字符"面板中各选项的作用如下。

图 7-20　"字符"面板

- 宋体 ▾：用来选择字体。
- · ▾：用来设置字型。
- **T** 24 点 ▾：用来设置字体大小。
- 30 点 ▾：用来设置行间距，即两行文字间的间距。
- ▤ 0% ▾：用来设置所选字符间的字间距微调量。用鼠标单击两个字之间，然后修改该下拉列表框内的数值，即可改变两个字的间距。正值是加大，负值是减小。
- ▲Ⅴ -10 ▾：用来设置所选字符的字间距。正值是使选中字符的字间距加大，负值是使选中的字间距减小。
- **IT** 100%：用来设置文字垂直方向的缩放比例。
- **T** 100%：用来设置文字水平方向的缩放比例。

-  ：用来设置基线的偏移量。正值使选中的字符上移，形成上标；负值使选中的字符下移，形成下标。
- 颜色：▮▮▮：用来设置文字的颜色。
- T T TT T₁ T' T▾：从左到右分别为粗体、斜体、全部大写、全部小写、上标、下标、下划线、删除线按钮。
- 美国英语 ▾：用来选择不同国家的文字。
- aa 平滑 ▾：用来设置是否消除文字的边缘锯齿，以及采用什么方式消除文字的边缘锯齿。

★提示 单击"字符"面板右上角的面板菜单按钮 ≡，可调出面板菜单。利用该菜单可以设置文字的字型（因为许多字体没有粗体、斜体字型），给文字加下划线和删除线，设置上标或下标、改变文字方向等。

（2）"段落"面板

"段落"面板如图 7-21 所示，用来设置文字的段落属性。

- ▮▮▮▮▮▮▮▮：设置文字在文字输入框内的对齐方法。
- ▮0点：设置段落文字左缩进量，以点为单位。
- ▮0点：设置段落文字右缩进量，以点为单位。
- ▮0点：设置段落文字前缀行缩进量，以点为单位。
- ▮0点：设置段落文字段前间距量，以点为单位。
- ▮0点：设置段落文字段后间距量，以点为单位。
- ▮连字：选中该复选框后，可在英文单词进行换行时自动在行尾加入连字符"-"。

图 7-21 "段落"面板

★提示 单击"段落"面板右上角的面板菜单按钮 ≡，可调出它的面板菜单，利用该菜单可以设置顶到顶行距、顶到底行距、对齐等。

（3）段落文字的输入和调整

输入和调整段落文字的步骤如下。

1 单击工具箱内的"横排文字工具"按钮 T，再在其选项栏内进行设置。

2 用鼠标在画布窗口内拖曳光标，产生一个虚线的矩形（叫文字输入框），虚线矩形框四周上有 8 个控制柄▫，虚线矩形框内有一个中心标记◇，如图 7-22 所示。

3 接着在矩形框内输入文字或粘贴文字（这时输入的文字叫段落文字），如图 7-23 所示。按住 Ctrl 键，再拖曳鼠标，可以移动虚线矩形框和其中的文字。

4 将光标移到虚线矩形框边上的控制柄▫处，当指针呈直线双箭头状时，拖曳鼠标，可以改变矩形的大小，同时也调整了虚线矩形框内每行文字的多少和文字行数。如果虚线矩形框右下角有-⊞控制柄，则表示除了虚线矩形框内显示的文字外，还有其他文字，如图 7-24 所示。

图 7-22 段落文字输入框

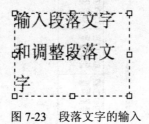

图 7-23 段落文字的输入

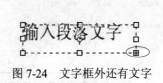

图 7-24 文字框外还有文字

5 将光标移到虚线矩形框边上的控制柄口外边，当光标呈曲线双箭头时，拖曳鼠标，可以中心标记◇为中心旋转虚线矩形框，如图 7-25 所示。用鼠标拖曳中心标记◇，可以改变虚线矩形框的旋转中心。

6 在输入段落文字后，可利用选项栏 或 按钮来设置文字的对齐方式，如图 7-26 所示。

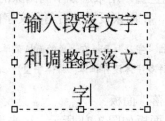

图 7-25　段落文字的旋转　　　　　　图 7-26　文字以"居中"方式对齐

7 单击工具箱内其他工具，即可完成段落文字输入。按 Esc 键可以取消段落文字的输入。

（4）点文字与段落文字的相互转化

① 段落文字转化为点文字：当文字图层的文字是段落文字时，单击选中"图层"面板中的该文字图层，再单击"图层"→"文字"→"转换为点文字"菜单命令即可。

② 点文字转化为段落文字：当文字图层的文字是点文字时，单击选中"图层"面板中的该文字图层，单击"图层"→"文字"→"转换为段落文字"菜单命令即可。

3）变形文字

（1）打开"变形文字"对话框

【方法1】　单击工具箱内的"横排文字工具"按钮 **T**，再单击图像文件。然后单击选项栏中的"创建变形文本"按钮，即可调出"文字变形"对话框，如图 7-27 所示。

【方法2】　单击工具箱内的"横排文字工具"按钮 **T**，再单击画布。然后单击"图层"→"文字"→"文字变形"菜单命令，也可调出"变形文字"对话框。

（2）设置"文字变形"样式

在"变形文字"对话框内的"样式"下拉列表框中可选择不同的样式选项，如图 7-28 所示，各种文字的变形效果如图 7-29 所示。

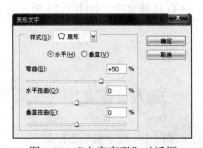

图 7-27　"文字变形"对话框　　图 7-28　"样式"下拉列表框　　图 7-29　各种文字变形效果

不同的样式其对话框中的内容稍有不同，以"扇形"样式为例，该样式对话框内各选项的作用如下。

● "样式"：用来选择文字弯曲变形的样式。
● "水平"和"垂直"：用来确定文字弯曲变形的方向。
● "弯曲"：调整文字弯曲变形的程度，可用鼠标拖曳滑块来调整。
● "水平扭曲"：调整文字水平方向的扭曲程度，可用鼠标拖曳滑块来调整。
● "垂直扭曲"：调整文字垂直方向的扭曲程度，可用鼠标拖曳滑块来调整。

4）文字图层

文字图层是一种特殊的图层，对普通图层的许多操作对文字图层是不能进行的，如用图案填充文字或对文字作渐变填充效果等。通过栅格化可将文字图层转换为普通图层，从而可对文字进行更多的操作，制作出更丰富的效果。

文字栅格化的方法：

【方法1】 在"图层"面板中的文字图层上单击鼠标右键，在弹出的快捷菜单中选择"栅格化图层"命令。

【方法2】 在"图层"面板中选中要栅格化的文字图层，执行"图层"→"栅格化"→"文字"命令。

★ 提示　文字栅格化后，原文字图层的文字属性就没有了，对文字图层的各种操作已不能再进行，如设置文字的字体、字号、字体和段落格式等。

小试牛刀——制作精美挂历

最终效果

制作完成的最终效果如图 7-30 所示。制作一张 2009 年 2 月份的挂历，制作过程中主要练习文字的输入；字体、字号、变形文字的设置；文字的变形和变换；文字图层的栅格化等操作。

图 7-30 "精美挂历"效果图

设计思路

① 首先利用"粗糙蜡笔"滤镜制作挂历背景。

② 利用"横排文字工具"输入各种字体、字号的文字。

③ 设置不同的文字样式以达到丰富的艺术效果。

操作步骤

1 单击"文件"→"新建"菜单命令，新建一个宽度 380 像素、高度 500 像素、分辨率为 72ppi、颜色模式为 RGB、背景为白色、文件名为"台历"的新文件。

2 打开素材文件"长城.jpg"，如图 7-31 所示，单击"选择"→"全选"菜单命令，并用"移动工具"将图像移至"台历"图像文件中。

3 单击"编辑"→"自由变换"菜单命令，调整好图像的大小和位置。为了使最后的构图效果更好，再选择"编辑"→"变换"→"水平翻转"菜单命令，翻转图像，并将该图层命名为"长城"。

图 7-31 "长城"图像

4 用"吸管工具"将"长城"层中的蓝色设置为前景色，将图像的背景图层填充为前景色。

5 单击工具箱中的"矩形选框工具"，在选项栏中设置"羽化"值为 40。

6 在图层面板中选择"长城"层为当前图层，创建矩形选区。

7 单击"选择"→"反向"菜单命令，反选选区，如图 7-32 所示。

8 按下 Delete 键 2~3 次，删除选区内容。

★ **提示** 可根据观察到的效果，来确定按 Delete 键的次数。

9 执行"滤镜"→"艺术效果"→"粗糙蜡笔"菜单命令，为"长城"层增加"粗糙蜡笔"滤镜效果，如图 7-33 所示。

10 制作公司标识"枫叶"。创建新图层，命名为"枫叶"。设置前景色为 R210、G20、B60，即红色，单击工具箱中"自定义形状工具" ，并在选项栏中单击"填充像素"按钮，在如图 7-34 所示的"自定义形状拾色器"中，选择枫叶形状，画出枫叶图形，如图 7-33 所示。

图 7-32 反选选区

图 7-33 "粗糙蜡笔"效果

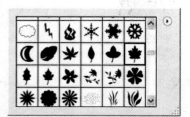

图 7-34 自定义形状拾色器

11 执行"编辑"→"自由变换"菜单命令，调整好枫叶大小和位置，单击"编辑"→"变换"→"水平翻转"菜单命令，将枫叶水平翻转。

12 在"图层"面板中以"枫叶"为当前图层，并单击"锁定透明像素"按钮 ☐，单击工具箱中的"渐变工具"，设置为深红到浅红的渐变，以"线性渐变"填充，效果如图7-33所示。

13 单击"图层"面板中的"添加图层样式"按钮 *fx.*，为"枫叶"层添加"投影"及"斜面和浮雕"效果，参数设置如图7-35所示。

14 单击工具箱中"横排文字工具" **T**，设置字体为"黑体"，字号为"48点"，以红色输入文字"枫叶旅行社"，适当调整字间距，并复制"枫叶"层的图层样式，效果如图7-36所示。

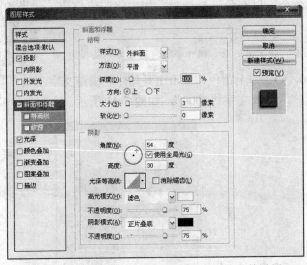

图7-35 "投影"及"斜面和浮雕"的参数设置

图7-36 广告词输入

15 单击工具箱中"横排文字工具"，设置字体为"隶书"，字号为"38点"，输入文字"枫叶带您游遍世界"。

16 以"枫叶带您游遍世界"为当前层，单击"创建变形文本"按钮 ，在弹出的"变形文字"对话框中设置参数，如图7-37所示，文字的变形效果如图7-38所示。

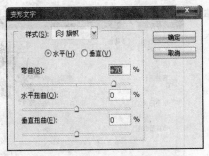

图7-37 变形文字参数设置

图7-38 广告词艺术效果

17 单击"图层"→"栅格化"→"文字"菜单命令，将文字图层"枫叶带您游遍世界"转换为普通图层。

18 以"枫叶带您游遍世界"为当前图层，并"锁定透明像素"；单击工具箱中"渐变工具"，在"渐变编辑器"中设置渐变色如图 7-39 所示，以"线性渐变"填充。

图 7-39　渐变设置

19 在"图层"面板中拖曳"枫叶带您游遍世界"层至"创建新图层"按钮，复制图层，得到"枫叶带您游遍世界"副本层。

20 以"枫叶带您游遍世界"为当前图层，按下 Ctrl 键，单击图层面板中的缩览图，创建该层的图像区域。

21 单击"编辑"→"描边"菜单命令，以灰色、5 像素、居中将图像描边，效果如图 7-40 所示。

★ **提示**　"枫叶带您游遍世界"副本层在上面，将下面的原"枫叶带您游遍世界"层描边。

22 将前景色设置为 RGB（145，70，5），即土黄色，单击工具箱中"横排文字工具" T，设置字体为"华文新魏"，字号为"72 点"，输入文字"2009"，如图 7-41 所示。

图 7-40　"描边"效果

图 7-41　台历日期输入

23 将前景色设置为 RGB（250，130，5），即橙色，单击工具箱中"横排文字工具"，设置字体为"华文新魏"，字号为"48 点"，输入文字"2 February"，如图 7-41 所示。

24 单击工具箱中"横排文字工具"，设置字体为"黑体"，字号为"24 点"，以"土黄"色输入文字"sun mon"等，以"橙"色输入文字"1，2，3"等，如图 7-41 所示。

25 单击工具箱中"横排文字工具"，设置字体为"华文行楷"，字号为"18 点"，以"土黄"色输入文字"十四、十五"等，如图 7-41 所示。

26 在"图层"面板中以"2009"为当前图层，单击工具箱中"横排文字工具"，单击"创建变形文本"按钮，在弹出的"变形文字"对话框中设置参数，如图 7-42 所示，文字的变形效果如图 7-30 所示。

27 执行"图层"→"栅格化"→"文字"菜单命令，将文字"2009"栅格化。

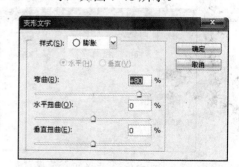

图 7-42　"变形文字"参数设置

28 按下 Ctrl 键，在"图层"面板中单击"2009"层的缩览图，选择"2009"文字区域，执行"编辑"→"描边"菜单命令，像素设置为 3，将"2009"以原文字颜色"居中"描边，以加粗文字，并复制"枫叶"层的图层样式，效果如图 7-30 所示。

29 在"图层"面板中选择"2 Februay"为当前图层，执行"编辑"→"变换"→"斜切"菜单命令，将文字"2 Februay"适当斜切，以增加艺术效果，并复制"枫叶"层的图层样式，如图 7-30 所示。

30 单击"切换字符和段落"面板按钮 ▣，将"sun mon"、"1，2，3"及"十四、十五"等各层的字距、行距适当调整后，合并图层。

31 复制"枫叶"层的图层样式，最终效果如图 7-30 所示。

思考与练习

1）思考

（1）使用文字工具和文字蒙版工具创建的对象有何区别？

（2）如何设置文字的字体、颜色、大小和字符间距等文字属性？

（3）如何创建段落文本？

（4）如何设置段落文字的对齐方式和缩进方式等段落格式？

2）练习

（1）绘制发光文字，效果如图 7-43 所示。

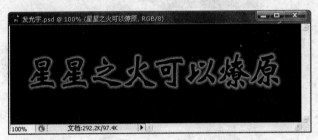

图 7-43　发光文字效果图

操作提示

① 以黑色为背景，新建文件，命名为"发光字"。

② 选择"横排文字工具"，设置字体为"华文新魏"，并以"黑色"输入文字。

③ 添加"外发光"图层样式，发光色选为黄色，并适当设置参数。

（2）制作阴影文字，效果如图 7-44 所示。

图 7-44　阴影文字效果

操作提示

① 新建一个名为"阴影文字"的新文件。

② 选择"横排文字工具"，设置字体为"方正姚体"；输入文字"阴影文字"，产生"阴影文字"层，复制"阴影文字"层，产生"阴影文字 副本"层，并置于"阴影文字"层的下方。

③ 对"阴影文字"层进行变换操作，将文字缩放、拉长、透视到适当的效果，并设置"斜面和浮雕"、"渐变叠加"等图层样式。

④ 对"阴影文字 副本"层进行变换操作，将文字缩放、斜切到适当的效果，设置滤镜"高斯模糊"，并设置填充值为 60%，如图 7-44 所示。

（3）制作一张光盘的招贴，效果如图 7-45 所示。

图 7-45 "有话就说"招贴效果

操作提示

① 以白色背景，创建名为"有话就说"的新文件。

② 选择"自定义形状工具"，在"形状"列表框中选择适当的图形制作背景，并添加"斜面和浮雕"、"投影"等图层样式。

③ 制作光盘时先作正圆，从中心填充多彩的"角度渐变"，再对其进行缩放、旋转和斜切等变换操作，使其有立体感。

④ 选择"横排文字工具"，输入各种文字，产生不同的文字层，并对各层进行变换和效果设置。

⑤ "说"字的字体要有动感，并添加了"变形"文字的效果，再设置"斜面和浮雕"、"描边"等图层样式以增加艺术效果。

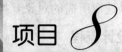

项目 $\mathcal{8}$

路径和形状工具的使用

项目应知

- ☑ 了解路径的基本概念
- ☑ 认识"路径"面板

项目应会

- ☑ 掌握使用"钢笔工具"绘制直线和曲线的方法
- ☑ 掌握使用路径编辑工具修改路径形状的方法
- ☑ 掌握路径与选区互换的操作方法
- ☑ 掌握路径描边与填充的操作方法
- ☑ 掌握沿路径编辑文本与创建路径文本的方法

一学就会——人物变脸

项目说明

本项目效果如图 8-1 所示。Photoshop 的"路径工具"主要用于勾画图像区域（对象）的轮廓，适用于不规则的、难以使用其他工具进行选择的图像区域。在特殊图像的选取、特效字的制作、图案制作、标记设计等方面有着广泛的应用。

图 8-1 "人物变脸"效果图

本项目利用"路径工具"实现人物变脸，可得到生动有趣、多姿多彩、意想不到的效果。操作中主要使用了"钢笔工具"绘制直线和曲线，并对路径进行编辑，最后将路径转换为选区，以选取所需的对象互换人物脸部。

设计流程

本项目设计流程如图 8-2 所示。

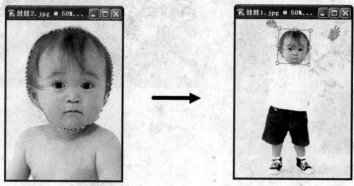

① 利用"路径工具"选择人物脸部图像，　　　② "变换"人物脸部图像的选区，完成
并转换为选区　　　　　　　　　　　　　　人物变脸的效果

图 8-2　"人物变脸"设计流程图

项目制作

任务 1　选择人物脸部图像

使用"钢笔工具"可以勾画人物的脸部边缘，利用路径的其他工具可以调整勾画不满意的
地方，然后转化成选区。

操作步骤

1 打开素材文件"娃娃 1.jpg"和"娃娃 2.jpg"，如图 8-3、图 8-4 所示。下面要将"娃娃
1.jpg"图像中娃娃的脸替换成"娃娃 2.jpg"图像中娃娃的脸。

2 单击工具箱中的"钢笔工具" ，在"娃娃 2.jpg"中娃娃的头部，适当选择锚点单击，
画出初始的封闭路径，如图 8-5 所示。

图 8-3　娃娃 1.jpg

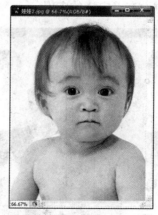

图 8-4　娃娃 2.jpg

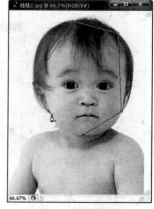

图 8-5　创建初始路径

★ 提 示 在编辑路径时，初始"锚点"的选择尽量要少，越多越不好编辑；初始"锚点"选择得合适，可
以使路径的进一步修改和调整更准确和便捷。

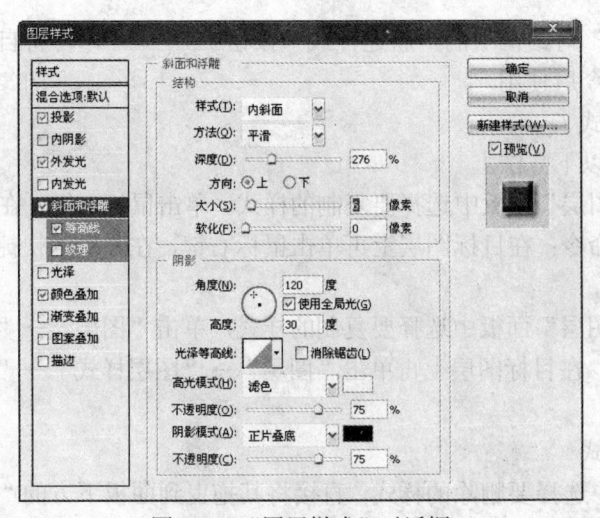

图 6-50 "图层样式"对话框

【方法 1】 双击"图层"面板中的某一图层。

【方法 2】 单击"图层"→"图层样式"→"混合选项"命令。

【方法 3】 单击"图层"面板中的"图层样式"按钮 *fx*.，在弹出的菜单中选择任一命令。

在这个对话框中，可以设置的图层样式有：混合选项、投影、内阴影、外发光、内发光、斜面和浮雕、光泽、颜色叠加、渐变叠加、图案叠加、描边等，各"样式"效果如下。

- 投影：在图像背后添加阴影，模拟投影效果，使平面图像产生立体效果。
- 内阴影：在图像内部边缘产生阴影，使图像如同裁剪过的效果。
- 外发光：在图像边界以外的区域增加光晕效果。
- 内发光：从图像的边缘向内发光。
- 斜面和浮雕：在图像上产生各种立体效果。
- 光泽：在图像上添加单一的色彩，并在边缘部分产生柔化效果。
- 颜色叠加、渐变叠加、图案叠加：在图像上分别填充单一颜色、渐变色和图案。
- 描边：在图像外边缘添加边框。

设置图层样式时，在"图层样式"对话框中勾选该项即可。如果需要设置该项的参数，可单击该样式的"文字"标题。

例如，给图像添加立体效果，先在"图层样式"对话框中勾选"斜面和浮雕"项。如果效果不满意，单击文字"斜面和浮雕"，可以进一步设置"样式"、"方法"、"深度"、"方向"、"大小"、"锐化"等参数，从而得到不同的立体效果，如图 6-51 所示。

原图

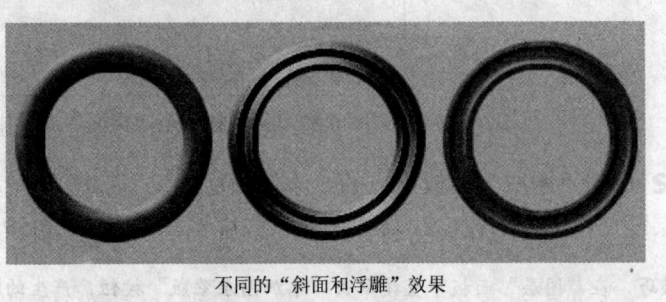

不同的"斜面和浮雕"效果

图 6-51 "斜面和浮雕"效果

单击"图层样式"对话框中的"新建样式"按钮 新建样式(W)... ，可将自定义样式存入"样式预设"框中，以方便今后使用。

（3）复制图层样式

复制图层样式有以下方法。

【方法1】 在"图层"面板中选择要复制的样式，单击鼠标右键，在弹出的快捷菜单中选择"复制图层样式"命令；在目标图层上再单击鼠标右键，在弹出的快捷菜单中选择"粘贴图层样式"命令即可。

【方法2】 在"图层"面板中选择要复制的样式，单击"图层"→"图层样式"→"复制图层样式"菜单命令；在目标图层上再单击"图层"→"图层样式"→"粘贴图层样式"菜单命令即可。

（4）删除图层样式

在"图层"面板中选择要删除的样式，直接将其拖曳到面板下方的"删除图层"按钮 🗑 中即可。

7）蒙版的建立和使用

蒙版是一个用来保护部分区域不受编辑影响的工具，蒙版所覆盖的区域不会被任何操作所修改。

图层蒙版可以控制图层中不同区域的图像被显示或隐藏，即可以将图像处理成透明、半透明或不透明的效果，在拼合多个图像时有着独特的作用。在图层蒙版中，采用白色表示显示全部图像，黑色表示遮挡全部图像，灰度区域表示透明度，不同程度的灰色蒙版表示图像以不同程度的透明度显示。

（1）蒙版的建立和使用

下面以实例"用图层蒙版制作透明的酒杯效果"来介绍蒙版的建立和使用，具体步骤如下。

1 打开素材文件"酒杯"和"桌面"。将"酒杯"文件中的酒杯移至"桌面"文件中，如图 6-52 所示。

图 6-52 将酒杯移至"桌面"文件中

2 单击"图层"面板下方的"添加图层蒙版"按钮 ▢ ，为"酒杯"层创建一个蒙版。在"图层缩览图"的右侧会出现"图层蒙版缩览图"，如图 6-53 所示。

★ 小技巧 在"图层"面板中直接单击"添加图层蒙版"按钮，产生的蒙版为白色；按住 Alt 键再单击"添加图层蒙版"按钮，产生的蒙版为黑色；在生成的蒙版上按 Ctrl+I 键，可以在两种状态间切换。

3 单击工具箱中的"添加锚点工具"，在两个锚点间的直线处单击添加锚点，如图 8-6 所示。直接拖曳鼠标，调整锚点到合适处，如图 8-7 所示。

4 单击工具箱中的"转换点工具"，可将一个"角点"（两直线相交处的锚点）转换成"平滑点"（曲线处的锚点），如图 8-8 所示。方法是拖曳或旋转控制手柄，调整路径直到满意为止，如图 8-9 所示。

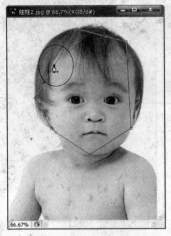
图 8-6 添加锚点

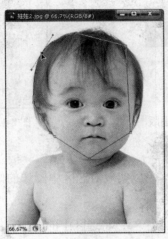
图 8-7 调整添加的锚点

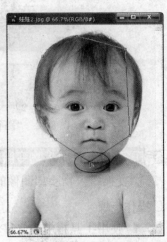
图 8-8 转换点工具

5 用以上方法编辑其他"锚点"，如图 8-10 所示；也可单击工具箱中的"直接选择工具"来调整路径，最后绘制的路径如图 8-11 所示。

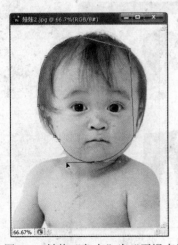
图 8-9 转换"角点"为"平滑点"

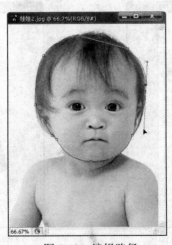
图 8-10 编辑路径

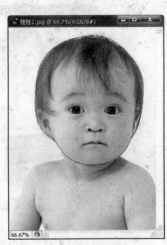
图 8-11 完成后的路径

★ **提示** 在编辑路径时，"添加锚点"、"转换点"和"直接选择"等工具都可以用来修改和调整锚点，根据经验选择最适合的工具。

6 打开"路径"面板，如图 8-12 所示。单击"路径"面板下方的"将路径作为选区载入"按钮，将工作路径转换为选区。转换后的效果如图 8-13 所示。

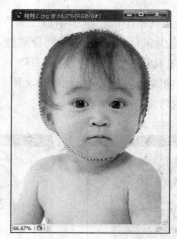

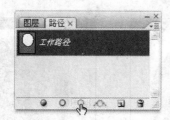

图 8-12 "路径"面版　　　　　　　　图 8-13 转换路径为选区

任务 2　实现人物变脸效果

"变换"人物脸部图像的选区，以实现对选区中图像的修改，完成人物变脸的效果。

操作步骤

1 使用工具箱中的"移动工具" ，将选区中的图像复制到"娃娃 1.jpg"文件中，成为"娃娃 1.jpg"文件的"图层 1"。

2 选择"编辑"→"自由变换"命令，对"图层 1"进行旋转、缩放操作，如图 8-14 所示。

3 使用工具箱中的"模糊工具" ，沿头部边缘涂抹，使图像与背景更自然的融合，最后效果如图 8-15 所示。

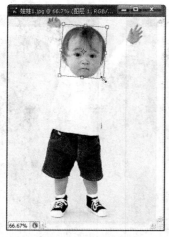

图 8-14 自由变换图像　　　　　　　　图 8-15 效果图

归纳总结

☑ "路径工具"是矢量图形的绘制工具，同时"路径工具"还可以灵活的创建选区。可以使用颜色和图案等工具填充路径，可以使用铅笔、画笔、橡皮等工具描边路径。"路径"面板可以支持路径的新建、复制、删除、重命名、填充色、描边和转换选区等多种操作。

☑ 所有制作好的选区都可以转换成路径。对路径进行精确的调整，可达到修改选区的目的。

☑ 使用"钢笔工具"选择图像后，只要没有删除路径，当下次打开该图像时，在"路径"面板中可以再次调出上次创建的路径。

☑ 路径主要用于勾画图像（对象）区域的轮廓，在特效字的制作、图案制作、标记设计等方面有着广泛的应用。

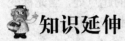

知识延伸

1）路径基础

（1）什么是路径

路径是由一个或多个锚点（节点）的矢量线条构成的图像，即路径是由贝赛尔曲线构成的图形，如图 8-16 所示。

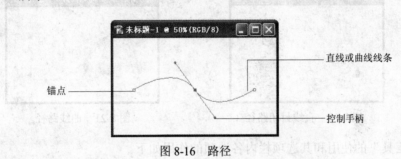

图 8-16   路径

路径在图像显示效果中表现为不可打印的矢量形状，用户可以沿着产生的线条对路径进行填充和描边，还可以将其转换成选区后进行图像处理，即路径和选区可以相互转换。

（2）路径的组成元素

路径由锚点、控制手柄和两点之间的连线组成。路径中包括以下几个术语。

① 闭合路径：路径的起点和终点重合。如果要将路径转换为选区，则要求路径必须为闭合路径，如图 8-17 所示。

② 开放路径：路径的起点和终点未重合，即带有明显的起点和终点，如图 8-18 所示。

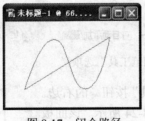

图 8-17   闭合路径

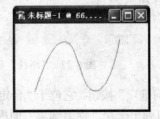

图 8-18   开放路径

③ 工作路径和子路径：利用工具箱中的"钢笔工具"等路径工具每次创建的都是一个子路径，完成所有子路径的创建后，将组成一个新的工作路径。

2）钢笔工具组

单击工具箱内"钢笔工具"组中的工具按钮，弹出"钢笔工具"组中的所有工具，如图 8-19 所示。

图 8-19   钢笔工具组

（1）钢笔工具

使用"钢笔工具" ◊ 可以绘制直线或曲线路径。

用"钢笔工具"绘制直线路径的方法是：选择"钢笔工具"，将光标移至图像窗口时变为 ◊ 状，单击一点确定路径的起点，再将光标移到另一个位置并单击即可绘制一条直线。如要创建一个封闭的路径，再将光标移到另一个位置并单击，最后将光标移到路径的起点处，当光标变为 ◊ 形状时，单击鼠标左键即可创建一条由直线组成的封闭的路径，如图 8-20 所示。

★ 小技巧　在创建直线路径时，按住 Shift 键不放，可创建水平、垂直或 45° 方向的直线路径。

用"钢笔工具"绘制曲线路径的方法是：锚点的设置与直线相同，不同的是在创建锚点后还需要拖曳它以调整曲线的曲率，如图 8-21 所示。

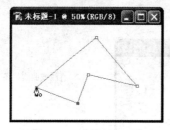
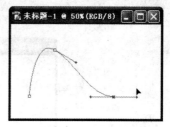

图 8-20　直线封闭路径　　　　　　　图 8-21　曲线路径

"钢笔工具"的使用和其选项栏内各选项的作用如下。

● ▢："形状图层"按钮。该状态下绘制的路径会自动填充前景色或一种选定的图层样式图案，并创建一个新图层。绘制后的图像不可以再用"油漆桶工具"填充颜色和图案。选项栏如图 8-22 所示。

图 8-22　"形状图层"模式下"钢笔工具"选项栏

● ▨："路径"按钮。该状态下绘制的路径不会自动进行填充，只是一条路径线。选项栏如图 8-23 所示。

图 8-23　"路径"模式下"钢笔工具"选项栏

● ▾："几何选项"按钮。它位于"自定形状工具"按钮 ⊿ 的右边。单击它可弹出一个"钢笔选项"面板，如图 8-24 所示。该面板内有一个"橡皮带"复选框，如果选中了该复选框，则用"钢笔工具"创建一个锚点后，会随着光标的移动，在上一个锚点与光标之间产生一条直线，的确像拉长了一个橡皮筋似的。

图 8-24　"钢笔选项"面板

● ▢自动添加/删除："自动添加/删除"复选框。如果选中了该复选框，则"钢笔工具"不但可以绘制路径，而且还可以在原路径上删除锚点或增加锚点。当光标移到路径上时，光标由原指针 ◊ 变为 ◊ 状，单击路径线后，即可在单击处增加一个锚点。当光标移到路径的锚点上时，光标由原指针 ◊ 变为 ◊ 状，单击锚点后，即可删除该锚点。

- ⬛⬛⬛⬛⬛：多路径设置按钮组。该组按钮有 5 个，用来决定用"钢笔工具"绘制路径且路径重叠时，应采取何种方式处理。

  ➤ ⬛："创建新的形状图层"按钮。单击后绘制一个图形，会创建一个新的形状图形。新绘制的图形采用的样式不会影响原来形状图形的样式。

  ➤ ⬛："添加到形状区域"按钮。该按钮只有在已经创建了一个形状图层后才有效。单击后，绘制的新形状图形与原来的新形状图形相加成一个新的形状图形，新绘制的图形采用的样式会影响原来图形的样式，但不会创建新图层。

⭐ 提示 在单击"创建新的形状图层"按钮⬛的情况下，按住 Shift 键，用鼠标拖曳出一个新形状图形，也可以使创建的新形状图形与原来的形状图形合成一个新形状图形。

  ➤ ⬛："从形状区域减去"按钮。单击后，可减去创建的新形状图形与原来形状图形重合部分，得到一个新形状图形，但不会创建新图层。

⭐ 提示 在单击"创建新的形状图层"按钮⬛的情况下，按住 Shift+Alt 键，用鼠标拖曳出一个新形状图形，也可减去创建的新形状图形与原来形状图形重合的部分，得到一个新形状图形。

  ➤ ⬛："交叉形状区域"按钮。单击后只保留新形状图形与原来形状图形重合的部分，得到一个新形状图形，但不会创建新图层。

⭐ 提示 在单击"创建新的形状图层"按钮⬛的情况下，按住 Shift+Alt 键，用鼠标拖曳出一个新形状图形，也可只保留新形状图形与原来形状图形重合的部分，得到一个新形状图形。

  ➤ ⬛："重叠形状区域除外"按钮。单击后，可清除新形状图形与原来形状图形重合的部分，保留不重合部分，得到一个新形状图形，但不会创建新图层。
- ⬛："更改清除"按钮。设置更改目标图层的属性，清除更改新建图层的属性。
- 样式: ⬛ ▾："图层样式"按钮。单击该箭头按钮，可弹出"图层样式"面板，如图 8-25 所示。单击选择 ⬛ 图案并按回车键后，填充的是前景色；单击选择其他图案并按回车键后，填充的是相应的图案。双击"图层样式"面板中的一种填充样式图案，也可完成填充样式的设置。
- 颜色: ⬛："颜色"按钮。单击可调出"拾色器"对话框，用来选择填充颜色。

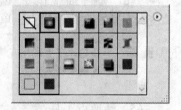

图 8-25 "图层样式"面板

（2）自由钢笔工具

使用"自由钢笔工具" ⬛ 可以绘制任意形状的曲线路径。

单击"自由钢笔工具"按钮 ⬛ 后，在"形状图层" ⬛ 状态下，其选项栏如图 8-26 所示。在"路径" ⬛ 状态下，其选项栏如图 8-27 所示。

⬛ ▾ ┃ ⬛⬛⬛ ┃ ⬛ ⬛⬛⬛⬛○○⬛⬛ ▾ ┃ □磁性的 ┃ ⬛⬛⬛⬛⬛ 8 样式: ⬛ ▾ 颜色: ⬛

图 8-26 "形状图层"模式下"自由钢笔工具"选项栏

⬛ ▾ ┃ ⬛⬛⬛ ┃ ⬛ ⬛⬛⬛⬛○○⬛⬛ ▾ ┃ □磁性的 ┃ ⬛⬛⬛⬛

图 8-27 "路径"模式下"自由钢笔工具"选项栏

"自由钢笔工具"的使用和其选项栏内各选项的作用如下。

● ☑磁性的："磁性的"复选框。如果选中了该复选框，则"自由钢笔工具"就变为"磁性钢笔工具"，光标会变为 ✍ 形状。它的磁性特点与"磁性套索工具"基本一样，在使用"磁性钢笔工具"绘制时，系统会自动将光标移动的路径定位在图像的边缘上。

● ▼："几何选项"按钮。它位于"自定义形状工具"按钮的右边。单击该按钮可弹出"自由钢笔选项"面板，如图 8-28 所示。

> "曲线拟合"：用于输入控制自由钢笔创建路径锚点的个数。该数值越大，锚点的个数就越少，曲线就越简单。取值范围是 0.5～10。

> "磁性的"：作用如前所述。该栏内的"宽度"、"对比"和"频率"文本框用来调整"磁性钢笔工具"

图 8-28　"自由钢笔选项"面板

的相关参数。"宽度"文本框用来设置系统的检测范围；"对比"文本框用来设置系统检测图像边缘的灵敏度，该数值越大，则图像边缘与背景的反差也越大；"频率"文本框用来设置锚点的速率，该数越大，则锚点越多。

> "光笔压力"：在安装光笔后该复选框有效，选中后可以使用光笔压力。

（3）添加锚点工具

单击"添加锚点工具"按钮 ♦，当光标移到路径线上时，光标由原指针 ♦ 变为 ♦ 状，在路径线上单击要添加锚点的地方，即可在此处增加一个锚点。

★ 小技巧　添加后锚点以实心显示，表示为当前锚点，可直接拖曳锚点对该点处的路径进行修改。

（4）删除锚点工具

单击"删除描点工具"按钮 ♦，当光标移到路径线上的锚点或控制点处时，光标由原指针 ♦ 变为 ♦-状，在路径锚点上单击，即可将该锚点删除。

★ 提示　在路径上单击鼠标右键，在弹出的快捷菜单中选择"添加锚点"或"删除锚点"等命令也可以添加或删除锚点。

（5）转换点工具

利用"转换点工具" ▶ 可以在路径的平滑点（表示曲线的锚点）和角点（表示直线的锚点）间相互转换，如图 8-29 所示。

① 单击"转换点工具"按钮 ▶，将光标移动到要转换的平滑点上，当光标形状变为 ▶ 状时，单击鼠标左键，即可使平滑点转换为角点，如图 8-30 所示。

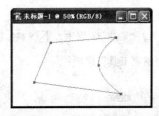

图 8-29　平滑点和角点

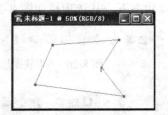

图 8-30　平滑点转换为角点

② 单击"转换点工具"按钮 ∖，将光标移动到要转换的角点上，当光标形状变为∖状时，单击鼠标左键并拖曳鼠标会出现控制手柄，如图 8-31 所示，用鼠标拖曳切线两端的控制点，可将角点转换为平滑点。

③ 单击"转换点工具"按钮 ∖，将光标移动到锚点近处，当光标形状变为∖状时，单击鼠标左键并拖曳鼠标，即可移动锚点的位置，改变路径的形状，如图 8-32 所示。

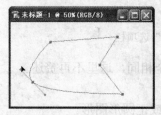 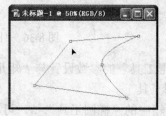

图 8-31　角点转换为平滑点　　　　　图 8-32　移动锚点

★ 提 示　当"锚点"出现控制手柄后，拖曳控制手柄左右两个方向将同时被调整。如果只需对一个方向进行调整，则单击并拖曳某一个方向的控制柄即可。

3）形状工具组

使用形状工具可以绘制矩形、圆角矩形、椭圆、直线、多边形和软件本身提供的形状等图形。形状工具组中各工具如图 8-33 所示。

形状工具组有很多操作与钢笔工具组是相同的，下面仅就两者的不同之处给予说明。

图 8-33　形状工具组

（1）矩形工具

在"形状图层" □ 和"路径" ▨ 模式下，其选项栏同"钢笔工具"，这里不再详解。

在"填充像素" ▣ 模式下，"矩形工具"的选项栏如图 8-34 所示。绘制图形时既不创建新图层，也不创建新路径，只在当前图层中创建图形形状并以前景色填充。

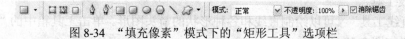

图 8-34　"填充像素"模式下的"矩形工具"选项栏

选项栏按钮 ◊ ◊ ▢ ○ ○ ＼ ◢ ▾，用于在"钢笔工具"以及各种形状工具之间进行切换，当选择了相应的工具后，单击右侧的下拉按钮 ▾，将弹出如图 8-35 所示下拉列表框。可设置相关工具的参数。

- 不受限制：该项为系统的默认设置，用于绘制尺寸不受限制的矩形。

- 方形：可以绘制正方形。

- 固定大小：可以绘制固定尺寸的矩形，其右侧的"W"、"H"数值框分别用于输入矩形的宽度和高度。

- 比例：可以绘制固定宽、高比的矩形，其右侧的"W"、"H"数值框分别用于输入矩形的宽度与高度之间的比值。

- 从中心：在绘制矩形时可以从图形的中心开始绘制。

图 8-35　几何选项列表框

● 对齐像素：在绘制矩形时可以使边靠近像素边缘。

绘制时按下 Shift 键不放，可以绘制出正方形图形。

（2）圆角矩形工具

单击工具箱中的"圆角矩形工具" ，其工具选项栏如图 8-36 所示。其中"半径"选项用于设置圆角矩形的圆角半径大小，值越大，圆角弧度也就越大。

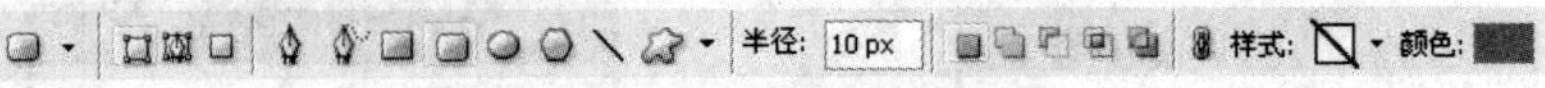

图 8-36 "圆角矩形工具"选项栏

"圆角矩形工具"的参数设置与"矩形工具"完全相同，这里不再赘述。

（3）椭圆工具

单击工具箱中的"椭圆工具" ，可以绘制椭圆或正圆形图形。

（4）多边形工具

单击工具箱中的"多边形工具" ，其工具选项栏如图 8-37 所示。其中"边"选项用于设置多边形的边数。

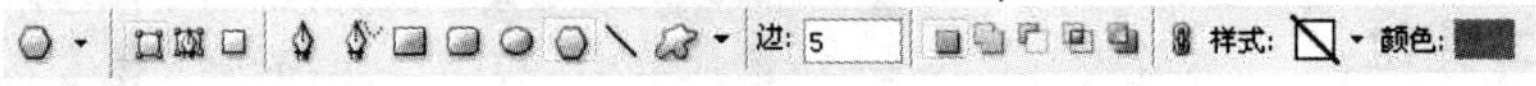

图 8-37 "多边形工具"选项栏

"多边形选项"列表框如图 8-38 所示，各选项含义如下。

● 半径：用于设置多边形的中心到各顶点的距离，即确定多边形的大小。

● 平滑拐角：该复选框使多边形各边之间实现平滑过渡。

● 星形：该复选框可以绘制星形图形，其下方的两个选项将变为可用状态。

图 8-38 "多边形选项"列表框

● 缩进边依据：该复选框使多边形的各边向内凹进，形成星形图形。

● 平滑缩进：该复选框使圆形凹陷代替尖锐凹陷。

（5）直线工具

使用"直线工具" 可以绘制直线和各种形状的箭头图形。单击工具箱中的"直线工具"，其工具选项栏如图 8-39 所示。

图 8-39 "直线工具"选项栏

"箭头"列表框如图 8-40 所示，各选项含义如下。

● 起点：选中该复选框，则在线条的起点处带箭头。

● 终点：选中该复选框，则在线条的终点处带箭头，若同时选中"起点"和"终点"复选框，则在线条的两端都带有箭头。

● 宽度：用于设置箭头的宽度与直线宽度的比率。

● 长度：用于设置箭头长度与直线宽度的比率。

● 凹度：用于设置箭头最宽处的弯曲程度，正值为凹，负值为凸。

使用"直线工具"绘制箭头图形时，先在工具右侧箭头的下拉列表框中设置各个选项，然后在图像中拖动鼠标即可绘制。如图 8-41 所示为使用"直线工具"绘制的图形。

图 8-40 "箭头"列表框

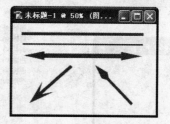

图 8-41 用"直线工具"绘制的图形

★ 小技巧 绘制时按下 Shift 键不放，可以绘制出水平、垂直或 45°方向的直线。

（6）自定义形状工具

单击工具箱中的"自定义形状工具" ，其工具选项栏如图 8-42 所示。

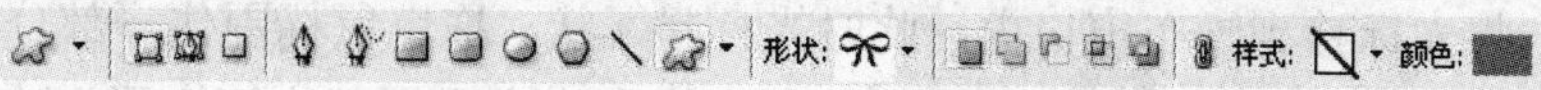

图 8-42 "自定义形状工具"选项栏

单击"形状"右侧的下拉列表按钮，可弹出如图 8-43 所示列表框，该列表框中提供了一些较常用的图形，用户可以根据需要进行选择。

4）路径选择工具组

使用路径选择工具组可以选择路径并进行编辑操作，路径选择工具包括"路径选择工具" ▶ 和"直接选择工具" ▶，如图 8-44 所示。

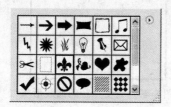

图 8-43 "形状"列表框

图 8-44 路径选择工具组

（1）路径选择工具

使用"路径选择工具" ▶，可以显示路径锚点、改变路径的位置和形状。

① 改变路径的位置：单击"路径选择工具"按钮 ▶，将光标移到画布窗口内，此时光标呈 ▶ 状。单击路径线或拖曳鼠标围住一部分路径，即可将路径中的所有锚点（实心黑色小正方形）显示出来，如图 8-45 所示，此时已选中整个路径。再用鼠标拖曳路径，即可在不改变路径形状和大小的情况下，整体移动路径。单击路径线外画布窗口内的任一点，即可隐藏路径上的锚点。

② 改变路径的形状：单击"编辑"→"变换路径"菜单命令，弹出其子菜单，如图 8-46 所示，再单击子菜单中的某个菜单命令，即可进行路径的相应调整（缩放、旋转、斜切、扭曲和透视）。调整方法与选区的调整方法一样。例如，单击"编辑"→"变换路径"→"旋转"菜单命令，再拖曳鼠标，即可旋转路径。此时的路径如图 8-47 所示。

★ 小技巧 按下 Shift 键不放，连续单击选择路径，可以选中多条路径。按下 Alt 键不放，拖曳选中的路径，可以复制路径。

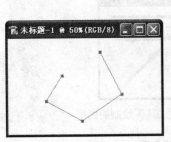

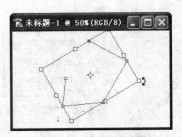

图 8-45 "路径选择工具"的应用　　　图 8-46 路径变换的子菜单　　　图 8-47 路径的变换

（2）直接选择工具

使用"直接选择工具"，可以显示路径锚点、改变路径的形状和大小。单击"直接选择工具"按钮，将光标移到画布窗口内，此时光标呈状。拖曳鼠标围住一部分路径，即可将路径中的所有锚点显示出来。围住的路径中的所有锚点为实心黑色小正方形，没有围住的路径中的所有锚点为空心小正方形，如图 8-48 所示。

用鼠标单击选中锚点，拖曳鼠标，即可改变锚点在路径上的位置和形状。用鼠标拖曳曲线锚点或曲线锚点的切线两端的控制点，可改变路径的曲线形状，如图 8-49 所示。用鼠标拖曳直线锚点，可改变路径的直线形状。单击路径线外画布窗口内任一点，即可隐藏路径上的锚点。

图 8-48 选中部分锚点　　　　　图 8-49 改变路径的曲线形状

★小技巧　按住"Shift"键，同时拖曳鼠标，可以在 45°的整数倍方向上控制点或锚点。

5）路径面板

路径的新建、保存和复制等操作都是通过"路径"面板来实现的，选择"窗口"→"路径"菜单命令可以打开"路径"面板，如图 8-50 所示。

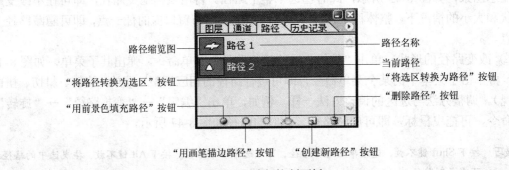

图 8-50 路径控制面板

利用"路径"面板可完成以下操作。

① 创建新路径：单击面板中"创建新路径"按钮⬚，可创建新路径。

② 复制路径：在面板中拖曳某路径至"创建新路径"按钮⬚上，可复制一个新路径。

③ 同一图层复制路径：单击"路径选择工具"，按下 Alt 键，用鼠标拖曳选中的路径可在同一层中复制路径。

④ 删除路径：单击面板中"删除路径"按钮⬚，可删除当前路径。

⑤ 重命名路径：双击面板中路径的原名称，可进入名称编辑状态，输入新的路径名即可。

⑥ 路径转换为选区：单击面板中"将路径作为选区载入"按钮◯，可将选中的路径转换为选区。

⑦ 选区转换为路径：单击面板中"从选区中生成工作路径"按钮◇，可将选区转换为路径。

★ 小技巧　按下 Ctrl 键不放，在"路径"面板中单击要转换选区的路径，也可将路径转换为选区。

⑧ 填充路径：单击面板中"用前景色填充路径"按钮◯，可用指定颜色或图案来填充当前路径。

⑨ 描边路径：单击面板中"用画笔描边路径"按钮◯，可用前景色和设定的画笔形状给当前路径描边。

★ 小技巧　按下 Atl 键不放，单击"用前景色填充路径"按钮◯，可打开"填充路径"对话框。按下 Atl 键不放，单击"用画笔描边路径"按钮◯，可打开"描边路径"对话框。

6）使输入的文本适合路径

使输入的文本适合路径，就是使输入的文本沿绘制的路径进行放置，从而可以创建出各式各样丰富多彩的文本效果。

（1）创建文本路径

创建文本路径并沿路径输入文本的具体操作步骤如下。

1 打开需要通过路径创建文本的图像，单击工具箱中的"钢笔工具"，在工具选项栏中单击"路径"按钮▦。

2 用"钢笔工具"在图像中绘制出一条直线路径，再用"添加锚点工具"在直线路径中间添加一个锚点，直接向下拖曳，即可成为一条曲线路径，如图 8-51 所示。

3 单击工具箱中的"横排文字工具"T，移动光标在路径上单击，当光标由Ⅱ状变为状后即可输入文字，此时文字会自动排列在工作的路径上，同时通过"路径"面板可以看出除了前面绘制的工作路径外，还产生了相应的文本路径，效果如图 8-52 所示。

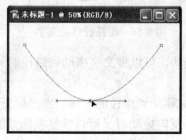

图 8-51　曲线路径

图 8-52　沿路径输入文字

（2）创建路径区域文本

创建路径区域文本即使输入的文本被包含在一个封闭的路径区域内，具体操作步骤如下。

1 创建一个封闭的路径。单击工具箱中的"自定义形状工具"，在其工具选项栏中单击"路径"按钮 ，在"形状"下拉列表框中选择形状，在图像中拖动鼠标绘制一个封闭路径。

2 单击工具箱中的"横排文字工具" T，在图像文件中，当光标在封闭路径外时为 状，当光标移到封闭路径内时变为 状，如图 8-53 所示。

3 单击鼠标，待出现插入光标后在形状路径内输入文字，输入的文字将自动被放在形状路径内部，如图 8-54 所示。

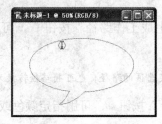

图 8-53　封闭路径

图 8-54　路径区域文本

⭐ **提 示**　使文本适合路径后，Photoshop 将它和路径作为一个整体，用户可以移动文本的位置，也可以改变文本的形状，从而可以得到其他文本效果。另外，用于适合文本的路径将不会被打印输出。

7）编辑文本路径

输入好路径文本后，根据需要还可对文本路径进行一些编辑操作，包括调整文本在路径上的位置、编辑路径形状等。

（1）调整文本在路径上的位置

使用"路径选择工具" 可以调整文本在路径上的位置，包括以下几种操作。

① 沿路径输入文字，如图 8-55 所示。单击工具箱中的"路径选择工具"，将光标移动到路径左端处，当光标变成 状时，单击并拖动鼠标，路径上将出现一个随之移动的光标，当到达适当位置时释放鼠标，可以将路径上的文本向右移动，如图 8-56 所示。当光标为 状，也可以将文字沿路径向左移动。

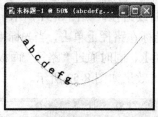

图 8-55　沿路径输入文字

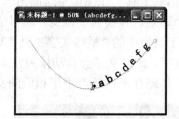

图 8-56　沿路径移动文字

② 在拖曳鼠标的过程中，如果向路径的下方拖动，可以将文字拖动到路径的另一侧，如图 8-57 所示。

③ 单击工具箱中的"路径选择工具" ，将光标移动到路径的一端，当光标变成 或 状时，拖曳鼠标，可以暂时隐藏被拖过路径上的文本，反向拖动时又可以恢复被隐藏的文字，如图 8-58 所示。

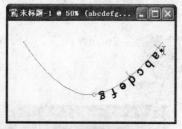

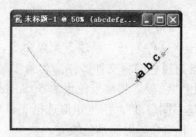

图 8-57　文字到路径的另一侧　　　　　图 8-58　隐藏路径上的文字

（2）编辑文本路径的形状

编辑路径的形状与前面介绍的用添加锚点、转换锚点、删除锚点等工具编辑路径的方法完全相同，不同的是这里要先在"路径"面板中选中相应的文本路径，再进行编辑。在改变路径形状的同时，文本的效果将随之改变，如图 8-59 所示。

图 8-59　编辑文本路径

小试牛刀——荷塘月色

最终效果

绘制一幅风景图"荷塘月色"，制作完成的最终效果如图 8-60 所示。

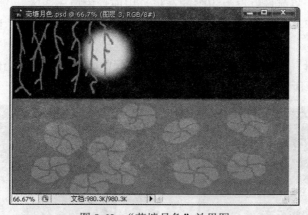

图 8-60　"荷塘月色"效果图

设计思路

① 利用路径工具绘制出荷叶图形，转换为选区后填充颜色。

② 利用"画笔"工具画出荷叶的茎、柳丝和月亮。

操作步骤

1 单击"文件"→"新建"菜单命令，创建一个宽度为 26cm、高度为 16cm、分辨率为 72ppi、背景为黑色的新文件，并命名为"荷塘月色"。

2 利用"色板"将前景色设为 50%的灰色。

3 新建"图层 1"，用"矩形选框工具"选中图层 1 的下半部分，用前景色填充。

4 在"图层 1"上用"模糊工具"涂抹黑灰衔接部分，使黑灰颜色过渡更自然。

5 新建"图层 2"，用"钢笔工具"画出不规则的五边形路径，如图 8-61 所示。

6 用"转换点工具"调整路径形状，如图 8-62 所示。

7 单击"路径"面板中的"将路径作为选区载入"按钮，将路径转换为选区，如图 8-63 所示。

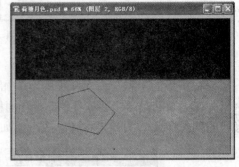

图 8-61　不规则的五边形路径

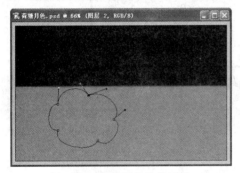

图 8-62　调整后的路径形状

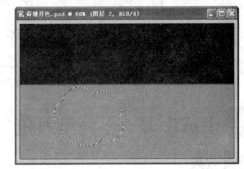

图 8-63　将路径作为选区载入

8 利用"色板"将前景色设为 40%的灰色，用前景色填充选区。

9 利用"吸管工具"将前景色设为 50%的灰色，再用"画笔工具"给荷叶添上叶茎，如图 8-64 所示。

10 选择"编辑"→"自由变换"命令，将做好的荷叶调整到适当的大小，并旋转到合适的角度，如图 8-65 所示。

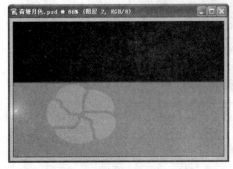

图 8-64　给荷叶添上叶茎

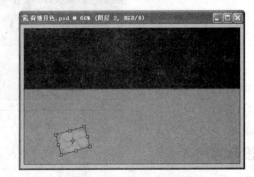

图 8-65　自由变换图形

11 在"图层"面板中复制"图层 2"多次，用"移动工具"将每一片荷叶拖曳到适当的位置，并通过变换和旋转操作，使每一片荷叶有不同的姿态，如图 8-66 所示。

12 画上月亮和柳丝，即绘制成一张幽静、美丽的荷塘月色风景图，最终效果如图 8-67 所示。

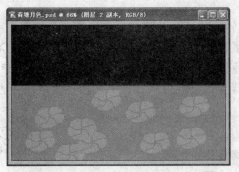

图 8-66　不同姿态的荷叶

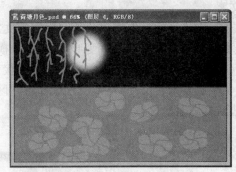

图 8-67　荷塘月色效果

思考与练习

1）思考

（1）什么是路径？路径的作用是什么？

（2）如何创建一个新路径？有几种方法？

（3）使用路径工具创建选区和使用选框工具、套索工具创建选区相比，有哪些优点？

（4）如何查看、复制、删除和重命名路径？

（5）如何进行路径和选区的互换？

（6）如何使用前景色描边和填充路径？

（7）如何创建文本路径并沿路径输入文本？

（8）如何调整文本在路径上的位置及形状？

2）练习

（1）制作如图 8-68 所示霓虹灯效果。

图 8-68　霓虹灯效果图

操作提示

① 以黑色背景，创建名为"霓虹灯"的新文件。

② 用路径工具绘制一条谱线，并复制出另外几条，用蓝色描边路径。

③ 用"横排文字工具"输入文字"蓝色海岸线"，并做"扇形"变形。

④ 按下 Ctrl 键，单击图层面板中"蓝色海岸线"层的缩览图，选择文字轮廓区域，并删除文字。

⑤ 在路径面板中将"蓝色海岸线"文字区域转换成路径并描边，再用渐变色填充。

⑥ 其他文字因不用"变形"，可用"横排文字蒙板工具"直接输入文字区域。

⑦ 音乐符号和电话可用"自定义形状工具"直接绘制成路径。

⑧ 打开素材文件"吉它"，选择吉它区域，移至"霓虹灯"文件中，转换成路径并适当描边，再用渐变色填充。

（2）绘制卡通米老鼠，如图 8-69 所示。

图 8-69　卡通米老鼠效果图

操作提示

① 创建一个名为"米老鼠"的新文件，以白色到浅肉色（R250、G220、B190）的"径向渐变"填充背景。

② 画正圆并填充黑色为头部。

③ 用路径工具绘制脸形并填充肤色（R245、G195、B135）。

④ 用路径工具绘制嘴形并以棕色（R130、G60、B5）描边。

⑤ 用路径工具绘制舌头并填充红色。

⑥ 眼睛和鼻子用"椭圆选框工具"或"椭圆工具"绘制均可。

（3）沿路径排列文字，效果如图 8-70 所示。

图 8-70　沿路径排列文字

操作提示

① 以淡黄色（R250、G250、B160）背景，创建一个名为"沿路径排列文字"的新文件。

② 单击"滤镜"→"染色"→"添加杂色"菜单命令，添加 7%的杂色；单击"滤镜"→"艺术效果"→"粗糙蜡笔"菜单命令，添加粗糙蜡笔，以增加背景的质感。

③ 用路径工具绘制出鼠标轮廓线，以红色填充，添加 5%的杂色；单击"滤镜"→"渲染"→"光照效果"菜单命令，从鼠标的右上角添加光照效果。

④ 用路径工具绘制出鼠标上的灰白色线条，并描边，填充灰白渐变色，以增加立体感。

⑤ 用路径工具绘制出鼠标上的黄色（R230、G170、B15）线条，并描边，再用"减淡工具"和"模糊工具"适当渲染，添加 4%的杂色。

⑥ 用路径工具绘制出鼠标上的按钮，并以蓝色（R35、G35、B110）填充或描边，添加不同"等高线"的"斜面和浮雕"图层样式。

⑦ 用路径工具绘制出鼠标接线，描边并填充蓝（R35、G35、B110）到浅蓝（R40、G115、B200）渐变色，添加"斜面和浮雕"、"投影"图层样式。

⑧ 沿"路径"输入文字"鼠标轻轻一点，尽览天地人间"。并添加"斜面和浮雕"和白色"外发光"图层样式。

⑨ 用路径工具绘制出箭头，并填充蓝到浅蓝渐变色。

項目 *9*

图像模式的转换

项目应知

- ☑ 了解图像模式的转换类别
- ☑ 了解图像色调以及特殊色调的调整
- ☑ 了解图像色彩的调整

项目应会

- ☑ 掌握图像模式的转换方法
- ☑ 掌握图像调整的操作方法

 一学就会——流泪的蜡烛

项目说明

本项目利用"图像"菜单下"图像模式"的改变制作精美逼真的蜡烛火焰，效果如图 9-1 所示。

图 9-1 "流泪的蜡烛"效果图

设计思路

本项目设计流程如图 9-2 所示。

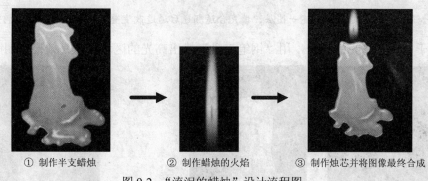

① 制作半支蜡烛   ② 制作蜡烛的火焰   ③ 制作烛芯并将图像最终合成

图 9-2   "流泪的蜡烛"设计流程图

项目制作

☞ **任务 1   制作半支蜡烛**

通过灵活运用"套索工具"描出蜡烛外形，再用"渐变填充"给蜡烛绘出合适的颜色，最后用"涂抹工具"对蜡烛外形进行修改而得到逼真的蜡烛形状。蜡烛的逼真状态除了外形描绘外，最主要的是颜色和对比度上的调整，这也是本任务的难点和重点，希望能够掌握。

🖱 **操作步骤**

1 按 Ctrl+N 组合键，新建一个 600×800 像素、分辨率为 100ppi 的白色 RGB 模式的空白文件，按 Ctrl+I 组合键反相显示，背景色变为黑色。

2 新建"图层 1"，用"套索工具"描出蜡烛外形，再用渐变填充，如图 9-3 所示。

⭐ **提示**   用"套索工具"描出蜡烛外形时务必要慢。渐变填充的颜色也可以用其他的颜色，如红色。

3 用"套索工具"大致勾出颜色较深的部位，如图 9-4 所示。

4 转换成选区后进行 5 像素的羽化，按 Ctrl+M 键调整曲线。先将 RGB 三通道（默认状态下）中间点往下拉一些，使其颜色变暗一点；再将 R 通道曲线向上调，使其偏红。效果如图 9-5 所示。

图 9-3   蜡烛外形初描图   图 9-4   调整颜色区域的选择   图 9-5   底部颜色调整

⭐ **提示**   用羽化的目的是为了边缘的色彩过渡比较柔和。为了达到预定的效果，可以进行多次小部位颜色的调整。

5 按 Shift+O 键（加深、加亮、去色）、Shift+R 键（模糊、涂抹）在其上调整，刻画出蜡烛表面的形体及体面的变化。首先用大画笔、高强度，从大的块面开始；再慢慢使用小画笔、低强度去细化。细化效果如图 9-6 所示。

★ 小技巧 　如果颜色不理想，可新建一图层，填充合适颜色后通过改变叠加模式和透明度来调整。

6 对于需要加高光的部分，用"钢笔工具"描出高光的区域形状，效果如图9-7所示。

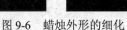

图9-6　蜡烛外形的细化　　　　　　　　图9-7　用"钢笔工具"描出高光的区域形状

7 将上步所选取区域转化为选区后适当羽化，新建一图层并填充白色；降低其透明度到合适程度（约25%），然后调整，效果如图9-8所示。

8 调整其他次高光点，新建一图层，将图层模式改为叠加，在其上先用画笔点出大概位置，调整透明度到合适（约20%）。效果如图9-9所示。

9 单击"图层1"，用"涂抹工具"调整其形状，用"橡皮擦工具"改变其透明度。调整后效果如图9-10所示。

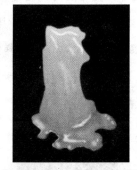

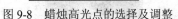

图9-8　蜡烛高光点的选择及调整　图9-9　蜡烛次高光点的选择及调整　图9-10　调整好的半支蜡烛

任务 **2**　制作蜡烛的火焰

　　本任务通过灵活运用"渐变工具"填充蜡烛火焰，再用"自由变换"改变蜡烛火焰的形状。蜡烛火焰的关键是渐变颜色的填充，这也是本任务的重点。

操作步骤

1 按 Ctrl+N 组合键，新建一个 200×200 像素、分辨率为 100ppi 的白色 RGB 模式的空白文件，按 Ctrl+I 组合键反相显示。新建一个图层"图层1"，在"图层1"上绘制一个圆形区域并填充圆形渐变。效果如图9-11所示。

★ 小技巧 　对选区羽化，火焰才有真实感。羽化像素要适当大一些，羽化值10～20为宜。

2 在"图层1"添加一个图层蒙版，选中蒙版，调整蒙版曲线，按 Ctrl+T 键，将圆形变成一个长条，删除图层蒙版并应用蒙版到图层；再加上一个上下渐变的蒙版，然后删除蒙版并应用蒙版到图层。得到的效果如图9-12所示。

★ **提 示** 熟练使用图层蒙版可以大大提高图像处理的效率。删除图层蒙版时要将蒙版应用到图层。

图 9-11 圆形渐变

图 9-12 蜡烛的火焰

☞**任务 3 做出灯芯，并将图像最终合成**

本任务运用"复制"、"粘贴"等工具，将两个文件中的图像合并到一个文件的图像中。多个文件中图像的拼合是本任务的重点。

🖱**操作步骤**

1 在蜡烛火焰的图层中将做好的火焰半成品拖入半支蜡烛图像中并调整其大小，效果如图 9-13 所示。

2 用"涂抹工具"调整其形状，加上烛芯，画出蓝色的火苗。直至得到如图 9-14 所示的效果。

图 9-13 将蜡烛火焰与蜡烛合成

图 9-14 流泪的蜡烛效果图

归纳总结

☑ 本项目的制作用到了 Photoshop 工具箱中的绝大部分工具、"编辑"菜单及"图像"菜单下的菜单项操作。对于初学者来讲，本项目的制作有一定的难度，要有足够的耐心，还要花费大量的时间。随着学习的不断深入、知识和经验的积累，就会慢慢地理解、掌握，到时候再回头细细品味这个项目，会有很多的收获。

☑ 在很多的图形图像处理中，需要自己绘制其中的一部分或一大部分内容。图像绘制除轮廓外，还要注意色彩、亮度及对比度的调整，这在平面广告设计中使用较多。

🧑‍🔬**知识延伸**

"图像"菜单中的命令可以将 RGB 文件格式转换成 CMYK、Lab 或 Index Color 模式等。

如果要为网上或多媒体程序制作图像，将会用到这个菜单。"图像"菜单还可以用于将彩色图像转换成灰度图像，然后再从灰度图像转换成黑白图像。使用"图像"菜单中的有关命令，还可以调整文件和画布的大小，并分析和校正图像的色彩。例如，可以调整色彩平衡、亮度、对比度、高亮度、中间色调和阴影区。"复制"、"应用图像"和"计算"命令可以用于产生特效，在以后的学习中会学到它们的用法。

图 9-15 "图像"菜单

"图像"菜单内的下拉菜单如图 9-15 所示。

"图像"菜单是 Photoshop 所特有的，这里着重介绍利用"图像"菜单完成以下的功能操作。

1）图像颜色模式的转换

单击菜单栏中的"图像"→"模式"命令，在其子菜单中选择相应的颜色模式，就可以将图像转换成需要的颜色模式了。

（1）将彩色模式的图像转换成灰度模式

如果要将彩色模式的图像转换成灰度模式，可以单击菜单栏中的"图像"→"模式"→"灰度"命令，这时会弹出一个提示框，提示用户将要扔掉所用的颜色信息，单击"确定"按钮，图像将被转换成灰度模式。将图像转换成灰度模式后，可以通过单击菜单栏中的"图像"→"模式"命令把它转换为彩色模式，但是不可能将原来的颜色恢复到图像中，所以操作前要慎重。

（2）将灰度模式转换为位图模式

将灰度模式转换为位图模式会使图像减少到两种颜色，这样就大大简化了图像中的颜色信息，并减少了文件的大小。对于彩色模式的图像，如果要将其转化为位图模式，必须先将其转换为灰度模式。另外，由于在位图模式下只能使用很少的编辑功能，因此在转换为位图模式之前最好将图像编辑好。

（3）转换为索引颜色模式

索引颜色适用于多媒体动画或网页作品，在所有的彩色模式中，索引颜色图像的文件是最小的。索引颜色不支持图层，将含有多个图层的图像转换为索引颜色模式之前应先合并图层，否则会丢失隐藏的图层。另外，只有 RGB 模式或灰度模式可以转换为索引颜色模式。

要将 RGB 模式的图像转换为索引颜色模式，可以单击菜单栏中的"图像"→"模式"→"索引颜色"命令，这时会弹出"索引颜色"对话框，在打开的下拉列表中选择要使用的面板式类型，在设置参数后单击"确定"按钮，就可以将 RGB 模式的图像转换为索引颜色模式的图像。

2）图像色彩的调整

（1）自动颜色

该命令可以对图像颜色进行自动调整，使图像色彩平衡，主要用于扫描图像的色彩校正。

（2）色彩平衡

使用"色彩平衡"命令可以更改图像的色彩，以得到所需的图像效果，它通过调整图像中颜色的混合比例来校正图像的色偏现象。

打开一幅图像后单击菜单栏中的"图像"→"调整"→"色彩平衡"命令（或按下 Ctrl+B 键），则弹出"色彩平衡"对话框，如图 9-16 所示。

（3）色相/饱和度

该命令是以色相、明度、饱和度为基础，对图像进行色彩校正，它既可以作用于整幅图像，也可以作用于图像中的单一通道，还可以对图像进行着色处理。

单击菜单栏中的"图像"→"调整"→"色相/饱和度"命令（或按下 Ctrl+U 键），则弹出"色相/饱和度平衡"对话框，如图 9-17 所示。

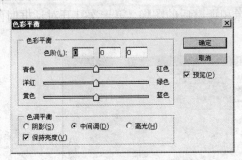

图 9-16 "色彩平衡"对话框

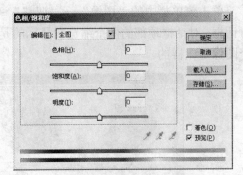

图 9-17 "色相/饱和度"对话框

（4）匹配颜色

"匹配颜色"命令只适用于 RGB 模式的图像。它可以匹配不同图像之间、多图层之间或者多个选区之间的颜色，还可以通过更改亮度和色彩范围来调整图像的颜色。

（5）替换颜色

该命令可以在图像中基于特定的颜色创建蒙版，用来调整色相、饱和度和亮度值，相当于"色彩范围"命令与"色相→饱和度"命令的合成效果。实际上它的操作结果与先使用"色彩范围"命令建立选择区域后，再用"色相/饱和度"命令进行颜色校正完全一样，只不过它的操作灵活性更强。

（6）可选颜色

该命令可以让用户调整颜色并校正色彩不平衡的问题，是高端扫描仪和分色程序中的一种技术。该命令可以有选择地调整原色中印刷色的数量，而不影响其他原色。虽然该命令使用 CMYK 模式校正图像，但在 RGB 模式和 Lab 模式图像上也可以使用该命令。

（7）通道混合器

该命令是使用当前颜色通道的混合来改变图像颜色，以进行颜色调整，或者创建高品质的灰度图像等。

（8）阴影/高光

"阴影/高光"命令适合于校正因背光太强而引起的图像主体过暗的图像，或者由于闪光灯过强造成曝光过渡的图像。与"亮度/对比度"命令不同，"阴影/高光"命令不是为了图像的总体提高或降低亮度，它只是根据周围的像素调整阴影与高光区，以校正图像的缺陷。"阴影/高光"对话框如图 9-18 所示。

图 9-18 "暗调/高光"对话框

● 阴影：用于调整光照的校正量，值越大，为阴影提供的增亮程度越大。

● 高光：用于调整光照的校正量，值越大，为高光提供的变暗程度越大。

● 显示其他选项：选择该复选框，可以显示更为详尽的控制参数。

（9）变化

该命令是一个比较直观的色彩控制命令，可以在直观的预览效果下逐步地校正色彩平衡、明度对比和饱和度等。该命令不能对饱和度和色调做出精确的调整，不能用于索引颜色模式的图像上。

单击菜单栏中的"图像"→"调整"→"变化"命令，则弹出如图 9-19 所示的"变化"对话框。对话框顶部的两个缩览图显示的是原始图像和调整后的图像。第一次打开对话框时两个图像是一样的。

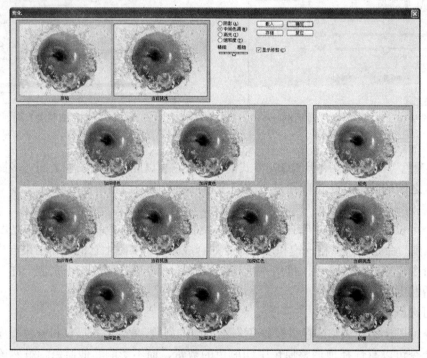

图 9-19 "变化"对话框

选择"暗调"、"中间色调"或"高光"选项时，可以分别对图像的暗区、半调区或高亮区进行调整。

选择"饱和度"选项时，可以调整图像的饱和度。

在对话框中单击颜色缩览图，可以将相应的颜色添加到调整后的图像中；单击对话框右侧的缩览图，可以调整图像的亮度。

3）图像色调的调整

（1）自动色阶

该命令没有对话框，即不需要设置参数就可以自动完成色彩处理。对于要求不高的图像可以采取该命令。执行该命令后，图像中最亮的像素变为白色，最暗的像素变为黑色，同时按比例分配中间的像素值。

（2）色阶

"色阶"命令主要用于调整图像中色阶的亮度。单击菜单栏中的"图像"→"调整"→"色阶"命令，或者按下快捷键 Ctrl+L，则弹出"色阶"对话框，如图 9-20 所示。

- 通道：用于选择不同的通道。通常情况下，选择 RGB（或 CMYK）通道可以调整色彩的明暗；选择各分色通道可以调整色偏。
- 输入色阶：用于输入图像的明暗值。其右侧的 3 个文本框分别对应直方图下方的 3 个滑块。第 1 个文本框对应黑色滑块，其值表示图像中低于该亮度的所有像素将变为黑色；第 2 个文本框对应灰色滑块，其值表示图像的中间亮度值，当值大于 1 时将降低图像亮度，当值小于 1 时将增强图像的亮度；第 3 个文本框对应白色滑块，其值表示图像中高于该亮度的所有像素将变为白色。
- 输出色阶：用于控制图像的对比度。其右侧的两个文本框分别对应亮度条下方的两个滑块，使用它们可以通过提高最暗像素的亮度或者降低最亮像素的亮度来缩减图像的亮度范围。

在"色阶"对话框的右侧有 3 个吸管，从左至右依次为黑色吸管、灰色吸管和白色吸管。要使用某个吸管工具时，单击该工具使其凹陷下去即可。选择黑色吸管工具在图像中单击鼠标，则图像中所有暗于该像素都将变为黑色；选择白色吸管工具在图像中单击鼠标，则图像中所有亮于该像素都将变为白色；选择灰色吸管工具在图像中单击鼠标，则图像中与该像素处亮度相同的像素都将变为中性灰，并相应调整其他色彩。

（3）自动对比度

"自动对比度"命令可以对图像对比度进行自动调节，使用它可以方便地完成一些简单的图像对比度调整。

（4）曲线

与"色阶"命令一样，"曲线"命令也允许用户调整图像的整个色调范围。它最多可以在图像的整个色调范围（从阴影到高光）内调整 14 个不同的点，也可以对图像中的个别颜色通道进行精确的调整。

单击菜单栏中的"图像"→"调整"→"曲线"命令，或者按下快捷键 Crl+M，则弹出"曲线"对话框，如图 9-21 所示。

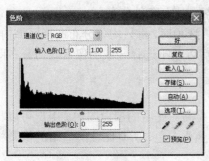

图 9-20　"色阶"对话框

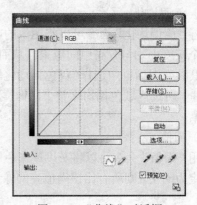

图 9-21　"曲线"对话框

在"曲线"对话框中，曲线图的水平轴表示图像原来的亮度值，即图像的输入值；垂直轴表示图像调整后的亮度值，即图像的输出值。

在曲线图中拖动曲线，则曲线图下方会显示出对应的输入和输出值。曲线图下方有一个自黑至白的光谱条，在上面单击鼠标可以切换其方向（由黑—白转换为白—黑）；曲线的斜率代表相应像素的灰度系数。向上移动曲线中点，灰度系数就降低；向下移动曲线中点，灰度系数就提高。

曲线调整的功能非常强大，不仅可以制造出特殊的色彩效果，而且在处理图像的色调时特别有用。

（5）亮度/对比度

"亮度/对比度"命令属于一般的色彩调整命令，它的使用方法也比较简单，在图像色彩质量要求不高的情况下可以使用该命令，它主要用于调整图像中的整体对比度和亮度，对单个通道不起作用。

4）特殊色调的调整

（1）去色

"去色"命令主要用于减弱图像色彩的饱和度，使之呈现出灰度图效果。它与直接将图像转换为灰度图像存在一定的差别：一是该命令可以用于选择区域；二是执行该命令后仍然可以对图像进行色彩编辑。

（2）渐变映射

"渐变映射"命令可以将指定的渐变色映射到图像中灰度值相等的范围。默认情况下，渐变色的起始颜色、中点和结束颜色分别映射图像的暗调、中间调和高光区域。例如，渐变色为蓝色到黄色，则蓝色映射到图像中的暗调像素，黄色映射到高光像素，蓝色到黄色之间的过渡颜色映射到中间调区域。

（3）照片滤镜

该命令模仿在传统相机的镜头上放置彩色滤片，从而调整照片的色彩平衡。用户可以选择预置的滤镜，也可以使用"拾色器"对话框自定义滤色片的颜色，对图像进行色相调整。

（4）反相

"反相"命令可以将图像或选择区域中的颜色变为它的互补色，从而产生照片底片的效果。

在彩色图像中，"反相"命令的效果实际上是对每一个彩色信息通道进行反相操作后的合成效果。所以，同一幅图像，如果颜色模式不同，其反相效果也不一样。

（5）色调均化

执行"色调均化"命令可以将图像的明亮度重新分配，在确定了最亮和最暗后，Photoshop会在整个灰度中均匀分布中间像素，从而提高图像的对比度和亮度。

在其参数对话框中选择"仅色调均化所选区域"选项时，将只均匀分布选择区域内的像素；选择"基于所选区域色调均化整个图像"选项时，可以基于选择区域的像素均匀分布图像中的所有像素。

（6）阈值

使用"阈值"命令可以将灰度或彩色图像转化为高对比度的黑白图像。用户可以将一定的色阶指定为阈值，则所有比该阈值亮的像素将被转换为白色，所有比该阈值暗的像素将被转换为黑色。

（7）色调分离

使用该命令可以减少色调数目制作特殊的色调效果。对灰度图像使用该命令，可以产生较显著的艺术效果。

小试牛刀——火焰字

最终效果

根据以上所学知识制作火焰字，最终效果如图 9-22 所示。

图 9-22 "火焰字"效果图

设计思路

① 输入"奥运之火" 4 个文字，利用"滤镜工具"制作出火焰的初步效果。

② 结合"涂抹工具"使火焰更逼真。

③ 利用"图像"菜单的模式变化最终完成火焰字的制作。

操作步骤

1 新建一个 600×300 像素、分辨率为 100ppi 的白色 RGB 模式的空白文件。

2 将前景色设置为白色，将背景色设置为黑色，选择工具箱中的"横排文字工具"，并在工具选项栏中设置相应的字体和字号，在"图像编辑"窗口底部输入文字"奥运之火"，如图 9-23 所示。

3 按住 Ctrl 键的同时单击文字图层，以载入其选区。切换至"通道"面板，单击"将选区存储为通道"按钮，将选区保存为"Alpha 1"通道，按 Ctrl+D 组合键取消选区。切换至"图层"面板，按 Ctrl+E 组合键向下合并图层。

4 单击"图像"→"旋转画布"/"90 度（顺时针）"命令，将画布旋转 90°。单击"滤镜"→"风格化"→"风"命令，在打开的"风"对话框中设置参数，如图 9-24 所示。按 Ctrl+F 组合键重复应用该滤镜两次，单击"好"按钮应用滤镜效果。单击"图像"→"旋转画布"→"90 度（逆时针）"命令。

图 9-23 文字"奥运之火"

图 9-24 "风"对话框

5 单击"滤镜"→"模糊"→"高斯模糊"命令，在打开的"高斯模糊"对话框中设置"半径"为 2 像素，效果如图 9-25 所示。

6 按 Ctrl+U 组合键打开"色相/饱和度"对话框，在其中设置参数，如图 9-26 所示。单击"确定"按钮，效果如图 9-27 所示。

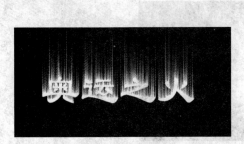

图 9-25 "高斯模糊"效果

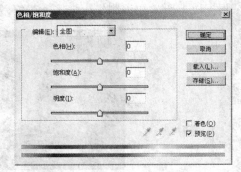

图 9-26 "色相/饱和度"对话框

7 在"图层"面板中将背景图层拖至"创建新的图层"按钮上，复制出一个"背景副本"图层，并将其图层混合模式设置为"线性减淡"，效果如图 9-28 所示。

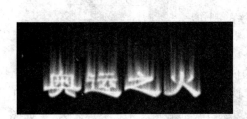

图 9-27 "饱和度"效果

图 9-28 "线性减淡"效果

8 打开"色彩平衡"对话框，在其中设置参数，如图 9-29 所示。单击"确定"按钮，效果如图 9-30 所示。

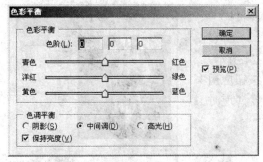

图 9-29 "色彩平衡"对话框

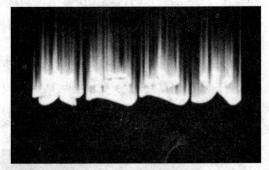

图 9-30 "色彩平衡"效果

9 在工具箱中选择"涂抹工具"，在工具选项栏中设置适当的画笔大小及"强度"数值，使用"涂抹工具"逐个涂抹文字，使其具有火焰升腾的效果，如图 9-31 所示。

10 在工具箱中选择"矩形选框工具"，绘制一个与文件宽度相同的矩形选区。打开"羽化选区"对话框，在其中适当设置"羽化半径"值，效果如图 9-32 所示。

图 9-31　"火焰升腾"效果

图 9-32　绘制矩形选区

11 单击"滤镜"→"扭曲"→"波浪"命令，在打开的"波浪"对话框中设置参数，如图 9-33 所示。单击"好"按钮后关闭对话框，按 Ctrl+D 组合键取消选区，得到的效果如图 9-34 所示。

12 切换至"通道"面板，按住 Ctrl 键的同时单击"Alpha 1"通道，以载入其选区。再切换至"图层"面板，单击"创建新的图层"按钮，新建图层 1，选择工具箱中的"渐变工具"，在"渐变类型"下拉面板中选择"从白色到黑色"渐变色，利用线性渐变从选区的上方至下方绘制渐变效果，再按 Ctrl+D 组合键取消选区，效果如图 9-35 所示。

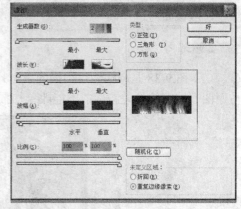

图 9-33　"波浪"对话框

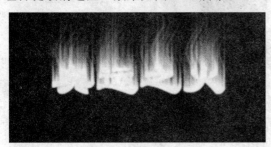

图 9-34　"波浪"效果

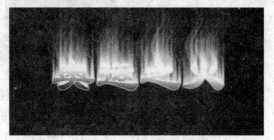

图 9-35　"渐变"效果

13 在"图层"面板中单击"添加图层蒙版"按钮，为"图层 1"添加蒙版。将前景色设置为黑色，选择工具箱中的"画笔工具"，并在工具选项栏中设置适当的画笔大小，使用"画笔工具"在白色部分进行涂抹，直至得到如图 9-36 所示的效果。

14 将背景图层拖至"创建新的图层"按钮上，复制出一个"背景副本 2"图层，并将其拖至所有图层的上方。单击"滤镜"→"模糊"→"高斯模糊"命令，在打开的"高斯模糊"对话框中设置"半径"为 20 像素，得到的效果如图 9-37 所示。

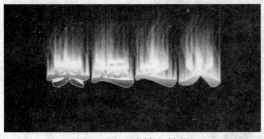

图 9-36　"涂抹"效果

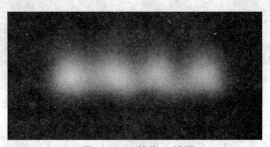

图 9-37　"模糊"效果

15 将"背景副本 2"图层的混合模式设置为"滤色","不透明度"设置为 50%,得到实例的最终效果,如图 9-22 所示。

思考与练习

1)思考

如果对项目"流泪的蜡烛"中的蜡烛与火焰的颜色进行改变,将蜡烛改为红色,将火焰改绿色,应该如何进行?

2)练习

(1)图 9-38 是一幅经过扫描的杂志封面。由于某种原因,扫描后的图片出现了一些问题,与原图有较大的偏差。你能不能改善扫描后的图像画质,使其与原图更贴近。

图 9-38　杂志封面画质改善

操作提示

图中不和谐的地方包括:图像整体感觉偏灰、偏暗、色彩失真(红色偏多,蓝色偏少),另外图像还有些斜,周围还有多余的黑边。可以从以下几个方面进行调整。

① 色阶的调整,使图像具有明暗的变化和对比。

② 进行色彩的调整,使图像的色彩更为协调。

③ 亮度和对比度的调整,使图像画质更接近原图。

④ 图像裁切。

(2)按图 9-39 所示更换手提包的颜色。

更换颜色前　　　　　　　　　　　　　　　　　　更换颜色后

图 9-39　更换手提包颜色

操作提示

既可以用"色彩平衡工具",也可以用"色相/饱和度工具"。

项目应知

☑ 了解滤镜的原理和作用
☑ 了解各种滤镜的使用范围

项目应会

☑ 掌握各种滤镜命令的使用方法
☑ 掌握各种滤镜参数的设置方法
☑ 掌握滤镜的使用规则和技巧

 一学就会——雨雪纷纷

项目说明

Photoshop 具有非常强大的给图像"变脸"的功能。如图 10-1 所示的本项目效果就是由如图 10-2 所示的原始图处理而成的。

图 10-1 "雨雪纷纷"效果图

图 10-2 原始图像"晴天"

设计流程

本项目设计流程如图 10-3 所示。

① 执行"点状化"命令制造雪花　② 执行"动感模糊"和"锐化"命令　③ 设置图层的溶合模式，最终完成图像
合成，让雪花飞舞起来

图 10-3 "雨雪纷纷"设计流程图

项目制作

☞任务 1　制造雪花

🖱操作步骤

1 按 Ctrl+O 组合键打开素材文件"晴天.jpg"，如图 10-2 所示。

2 在"图层"面板中将背景图层拖到"创建新的图层"按钮上，复制出一个"背景副本"图层。

3 使"背景副本"图层为当前图层，单击"滤镜"→"像素化"→"点状化"命令，在打开的"点状化"对话框中设置参数，如图 10-4 所示。

4 单击"确定"按钮，效果如图 10-5 所示。

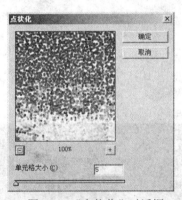

图 10-4 "点状化"对话框

图 10-5 "雪花"效果

☞任务 2　雪花飞舞

🖱操作步骤

1 单击"滤镜"→"模糊"→"动感模糊"命令，在打开的"动感模糊"对话框中设置参数，如图 10-6 所示。单击"确定"按钮，效果如图 10-7 所示。

2 按 Ctrl+Shift+U 组合键，去除图层中图像的颜色，然后单击"滤镜"→"锐化"→"锐化"命令，将图像锐化，效果如图 10-8 所示。

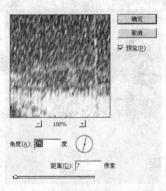

图 10-6 "动感模糊"对话框

图 10-7 "雪花飞舞 1"效果

图 10-8 "雪花飞舞 2"效果

任务 ❸ 图像合成

操作步骤

按 Ctrl+L 组合键打开"色阶"对话框，在其中设置参数，如图 10-9 所示。单击"确定"按钮，再在"图层"面板中将"背景副本"图层的混合模式设置为"滤色"，得到实例的最终效果，如图 10-1 所示。

归纳总结

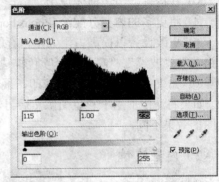

图 10-9 "色阶"对话框

- ☑ 通过本项目学习，掌握使用并调节各种滤镜的方法；熟悉在什么场合如何使用它们来变换图像；了解滤镜在什么情形中工作得最好和滤镜使用上的一些限制。

- ☑ 在 Photoshop 中要想处理好一幅图像，尤其是对其做一些特效处理，就要恰当运用滤镜。适时、恰当地运用滤镜可以达到所想达到的艺术境界。

知识延伸

1）使用滤镜的方法

灵活使用滤镜可以将一些特殊的效果（如模糊、纹理等）表现得淋漓尽致。滤镜作为一种处理图像的工具，与摄影艺术中的"滤镜"有异曲同工之妙，两者都可以改进图像而使其产生特殊的效果。Photoshop 中的"滤镜"利用计算机图形学中的手法，通过对像素产生位移、增减亮度、改变色差等方法达到目的。

在 Photoshop 中，可以对同幅图像反复使用同一个滤镜，或者连续使用多个不同滤镜，直到得到满意的效果。例如，用一个滤镜增强图像的轮廓，而用另一个滤镜产生浮雕效果。因此，滤镜的使用会产生无穷多的可能性。滤镜是一组在图像的图层和选区中应用特殊效果和模板的集合。所有的滤镜都可以应用于 8 位图像。对于 16 位图像，只能应用下列滤镜：模糊、平均模糊、进一步模糊、高斯模糊、动感模糊、杂色、添加杂色、去斑、蒙尘与划痕、中间值、锐化、锐化边缘、进一步锐化、USM 锐化、风格化、浮雕效果、查找边缘和曝光过渡。有些滤镜完全在内存中处理。如果所有可用的 RAM 都用于处理滤镜效果，则可能看到错误信息。根据所选择的滤镜和对它们参数设置的不同，Photoshop 会自动地变换图像的颜色、纹理和模式。每种滤镜都允许去控制它的变换效果。若要使用滤镜，需从"滤镜"菜单中选取相应的子菜单命令。选取滤镜时应注意以下几个方面。

① 滤镜应用于"当前"的可视图层或选区。

② 利用"滤镜库",可以累积应用大多数滤镜,所有滤镜都可以单独应用。

③ 不能将滤镜应用于位图模式或索引颜色的图像。

④ 有些滤镜只对 RGB 图像起作用。

有些滤镜效果可能占用大量内存,特别是应用于高分辨率的图像时,可以使用以下方法提高性能。

① 在一小部分图像上试验滤镜和设置。

② 如果图像很大,且有内存不足的问题时,将效果应用于单个通道。例如应用于每个 RGB 通道。

③ 在运行滤镜之前先使用"清理"命令释放内存。

④ 将更多的内存分配给 Photoshop。

⑤ 更改设置以提高占用大量内存的滤镜的速度,如"光照效果"、"木刻"、"染色玻璃"、"铬黄"、"波纹"、"喷溅"、"喷色描边"和"玻璃"滤镜。

⑥ 如果在灰度打印机上打印,最好在应用滤镜之前先将图像的一个副本转换为灰度图像。如果将滤镜应用于彩色图像然后再转换为灰度,所得到的效果可能与该滤镜直接应用于灰度图的效果不同。

2)内置滤镜

在打开"滤镜"菜单时,会看到很多种类的滤镜,旁边朝右的小三角意味着还有子菜单。每个滤镜种类中都至少有 4 个滤镜(除了"视频"类只有两个)。下面分类进行介绍。

(1)图像校正滤镜

通过锐化、模糊、杂色和像素化这些滤镜,可以纠正图像的外观,将比较暗的内容变亮或使高亮度的内容变柔和,从而使图像变得清晰。可以通过锐化突出图像的细节,或者通过模糊除去图像中不好的、不必要的细节。通过杂色滤镜,可以去掉图像中的斑点,使一幅旧相片焕然一新;也能添加一些杂色来渐变固定颜色的色带,或使过渡修饰的区域显得更为真实。可以将工具箱中的工具和滤镜一起使用。

① 用"锐化"滤镜增强图像的清晰度

在"锐化"子菜单下的滤镜是通过增加相邻像素的对比度来减弱和消除图像的显示,结果如何取决于图像本身,主要是突出边缘和颜色的变化。共有 3 种锐化滤镜(锐化、进一步锐化和锐化边缘),每个都可增加图像中相邻像素的对比度(可增加相邻物体和区域的对比度,如图 10-10 所示)。"USM 锐化"(位于"锐化"子菜单下)滤镜可以调整图像边缘细节的对比度,并在边缘的每侧制作一条更亮或更暗的线,以强调边缘和产生更清晰的图像,如图 10-11 所示。

图 10-10 锐化过的区域增加了更多像素间的变化

图 10-11　使用 USM 锐化修改边缘

② 使用"模糊"滤镜

"模糊"滤镜是通过将图像边缘和阴影区域的邻近像素重新着色,减小它们之间的对比来产生平滑的过渡效果的。事实上,模糊效果既有校正作用又有修饰作用。它可用于将颜色过亮或过暗的选区变柔和,最令人满意的效果是只模糊背景而不影响图像中的主体。图 10-12 所示为使用"模糊"滤镜后的效果。

使用高斯模糊可产生更生动的效果,如图 10-13 所示。该滤镜既可以使模糊后的图像无法辨认,也可做较轻程度的模糊。单击"+"和"-"按钮,或增加或减少模糊"半径"值,可使模糊效果增强或减弱。

图 10-12　模糊图像中不重要的内容

图 10-13　"高斯模糊"效果

"模糊"滤镜还可用于使图像变形,使静止的物体产生运动的效果(使用"动感模糊")或产生漩涡(使用"径向模糊")。可以通过它们各自的对话框控制其运动的程度和漩涡的类型,最后看到非常生动的效果。动感模糊的效果如图 10-14 所示。

图 10-14　"动感模糊"效果

"特殊模糊"滤镜不仅能对边缘或一幅图像进行模糊,还能控制模糊的程度。在对模糊的效果有特殊要求或需要有更多控制时,可使用该滤镜。

图 10-15 所示为使用了径向模糊的效果,但此时,只有荷花后面的背景被模糊——做法是

首先将荷花用套索工具选中，然后使用反选，再作模糊，就使得除了荷花之外的东西都被模糊。

③ 有效使用"杂色"滤镜

"杂色"滤镜提供了 5 种滤镜用于添加或去掉杂色：减少杂色、添加杂色、去斑、蒙尘与划痕、中间值。这些滤镜可以制造出没有信号的电视屏幕或非常陈旧的照片等效果。"杂色"滤镜会在整个图层或一个选区中添加随机分布色阶的像素，多余的杂色有助于将周围相邻或重叠的不同选区混合成一个选区，从而去掉蒙尘和划痕。在没有必要提高图像清晰度的情况下，可以用它们来产生有趣的视觉效果，就像图 10-16 和图 10-17 所示的那样。

图 10-15　径向模糊使图像在内容上产生不同的漩涡效果

图 10-16　在一幅过于平淡的图像中添加杂色　　　图 10-17　用"蒙尘与划痕"滤镜除去图像中陈旧的痕迹

在所有的杂色滤镜中，"去斑"滤镜不需要任何的设置，就可模糊除边缘外的选区或图层中的所有内容。"去斑"滤镜一旦探测到边缘（相邻像素有明显颜色改变的区域），就提高颜色间的差别，突出边缘。

与"添加杂色"滤镜相反，"中间值"滤镜通过混合像素的亮度来减少图层或选区中的杂色。

④ 使用"像素化"滤镜产生有趣的效果

若想突出像素中的某一区域，使用"像素化"滤镜是非常有效的。"像素化"滤镜可以将图像中颜色值相近的像素结块，生成不同边界的单元格。该滤镜既可用于校正、艺术化、修复图像，也可用来通过图像像素结块增加有趣的纹理。

"像素化"滤镜子菜单中共有 7 种像素化滤镜：彩色半调、晶格化、彩块化、碎片、铜板雕刻、马赛克和点状化。除了彩块化和碎片这两种外，其余都提供了对话框用来控制滤镜的变换效果。"点状化"滤镜的对话框如图 10-18 所示。每个"像素化"滤镜会使用不同的方法，产生相似的效果，可通过实验找到一个最符合要求的"像素化"滤镜。

（2）使用"艺术效果"、"画笔描边"和"素描"滤镜

当想要让一幅照片或一幅计算机合成图看上去像是用油画笔、铅笔、炭笔、蜡笔等绘画工具制作的，可以使用"艺术效果"、"画笔描边"和"素描"滤镜类中的滤镜。超过 30 种的滤镜能够使图像呈现出油画、水彩画、素描，甚至雕塑（使用塑料包装）的效果。

图 10-18　"点状化"滤镜通过选择单元格的大小来变换图像

使用滤镜，不但可以使图像看上去像是使用画笔、调色刀、涂抹棒制作出的，还可以使它看上去像陈旧的、已退色的老电影（使用"胶片颗粒"滤镜），或者产生抽象的拼贴画效果（使用"木刻"滤镜）。图 10-19 所示的图像从左边开始，照片中的景物分别使用了"彩色铅笔"、"绘画涂抹"、"水彩"、"涂抹棒"的效果。

图 10-19 使用不同艺术滤镜的效果

① 使用"艺术效果"滤镜

"艺术效果"滤镜的命名方式都很直观。使用这类滤镜可以制作出手工绘画或用其他各式各样的绘画工具画出的图画效果，从彩色铅笔到调色刀，从壁画到水彩画等。在"画笔描边"滤镜和"素描"滤镜类中有许多相似的滤镜。"艺术效果"的选项可控制滤镜的变化效果。如图 10-20 所示为"壁画"效果对话框，在对话框中有滑块、选项及预览窗口。

图 10-20 "壁画"效果对话框

使用"塑料包装"滤镜可以制作出像是用闪亮的塑料包装了的图像效果，如图 10-21 所示。用该滤镜可以强调表面边缘的细节——使它们看起来在包装下凸出而突出中心内容。

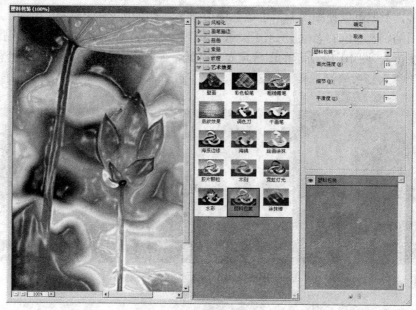

图 10-21　"塑料包装"效果

② 使用"画笔描边"滤镜

"画笔描边"滤镜产生的效果让人感觉图像是用不同的画笔工具制作出来的，与其说它们的名字是代表了它们模拟的绘画工具，倒不如说是代表了它们的变化效果。例如，使用"成角的线条"滤镜，会给图像加入用尖锐的铅笔画出的交叉线，如图 10-22 所示。由于滤镜所模拟的绘画工具和它对图像产生的变换效果都很重要，所以这种命名方法有助于查找最重要的滤镜。

图 10-22　图像中加入用尖锐的铅笔画出的交叉线

一些"画笔描边"滤镜只作用于边缘和轮廓。"强化的边缘"滤镜通过强化较亮的阴影来突出边缘，当"边缘亮度"选项被设置为较高的值时，强化效果与白色粉笔相似，如图 10-23 所示。

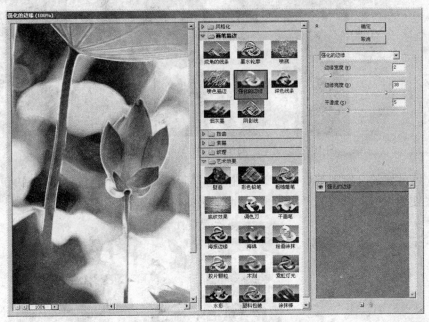

图 10-23　"强化的边缘"对话框

相反，"墨水轮廓"滤镜在原来的细节上用精细的细线重绘图像，而不是对边缘做任何处理。如图 10-24 所示，就是将这些滤镜用于一幅图像后的变换效果。

图 10-24　"墨水轮廓"滤镜的效果

③　使用"素描"滤镜

有些素描类的滤镜根据它们模拟的绘图工具来命名。例如，"炭笔"、"粉笔"、"绘图笔"和"铬黄"滤镜。这些滤镜的效果如图 10-25 所示。

图 10-25 炭笔、粉笔、绘图笔和铬黄滤镜效果

另外一些滤镜的名字则重点体现变换图像的材质和纸张,而不是仅仅模拟铅笔或画笔的效果,例如"便条纸"、"撕边"、"水彩画纸",效果如图 10-26 所示。

图 10-26 便条纸、撕边、水彩画纸滤镜效果

(3) 在图像中加入光照和特殊的三维效果

"渲染"类滤镜是一个混合工具箱。不像其他类中的滤镜有相同的主题,这里的 5 个渲染类滤镜好像没有共同之处。图 10-27 所示是将"镜头光晕"和"光照效果"滤镜作用于图像的效果。

"云彩"和"分层云彩"滤镜不需对话框——当从"渲染"子菜单中选择了它们后便会自动变换图像(忽略图像的颜色,使用前景色生成云彩图案)。该类的其他滤镜则提供了一系列的工具用以调节变换的效果。图 10-28 为"光照效果"滤镜对话框,其中含有可观看变换效果的预览窗口。

图 10-27 "镜头光晕"和"光照效果"滤镜效果

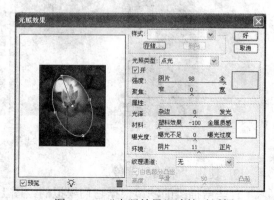

图 10-28 "光照效果"滤镜对话框

与"光照效果"滤镜多少有点关系的是"镜头光晕"滤镜。如果想在图像上模拟亮光照在相机镜头上所产生的折射效果，"镜头光晕"滤镜正是所需要的。如图 10-29 所示，可调节光线"亮度"，选择"镜头类型"，设定"光晕中心"的位置。

（4）使用"扭曲"、"风格化"和"纹理"滤镜

到目前为止，讨论的所有滤镜都是用来提高图像的质量，或者用某些艺术绘图工具重绘图像，或者改变图像的光照和透视效果。除非需要，否则使用这些滤镜变换后的图像仍是可辨识的。相反，使用"扭曲"、"风格化"、"纹理"滤镜可以扭曲、弯曲和退化图像，将图像拉扯成不同的形状、拖移到不同的位置。这些滤镜能产生类似将图像浸入到汹涌的大海和湍急的河流，或装入到玻璃中，或将它们打成碎片的各种效果，还能模拟风吹的效果，如图 10-30、图 10-31、图 10-32 所示。

图 10-29 "镜头光晕"滤镜
折射效果

图 10-30 动态扭曲滤镜的变换效果：海洋波纹、球面化、旋转扭曲、挤压

图 10-31 风格化滤镜中浮雕效果、凸出、风滤镜的应用效果

图 10-32 纹理滤镜的染色玻璃、马赛克拼贴、纹理化滤镜的应用效果

① 扭曲图像内容

"扭曲"类滤镜是非常有趣的一类滤镜。使用扭曲滤镜，既可以对图像做简单的变换（图像看上去像是透过玻璃或增加了一层柔和漫射光的效果），也可以做复杂的变换（如用另一幅图像置换该图像）。如图 10-33 和图 10-34 所示的那样，"置换"滤镜会让用户选择一幅 PSD 格式的图片作为"置换图"，并让用户决定如何使用"置换图"来置换图像。一旦设置完成，"置换"滤镜会用原图的颜色和"置换图"的纹理将两幅图像组合在一起，如图 10-35 所示。

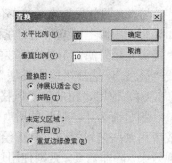

图 10-33 "置换"对话框

图 10-34 "选择一个置换图"对话框

图 10-35 荷花用鹰的图片置换效果

"扭曲"类的滤镜还有"极坐标"，可将图像用球面包裹起来，使它看来像是在球里面，或者像在球外面。可选择不同的选项，使它达到满意的效果，如图 10-36 所示。

"波浪"滤镜会在图像上产生不同波长和频率的波纹。如图 10-37 所示，在"波浪"滤镜的对话框中，有许多滑块可用来制作不同的波浪，并预览变换结果。单击"随机化"按钮，可看到随机产生的不同波浪。

图 10-36 "极坐标"效果

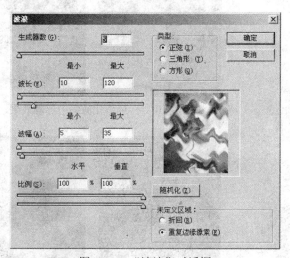

图 10-37 "波浪"对话框

★ **提 示**　含有水面、海岸线、横幅或旗帜的图片是观看波浪效果的最佳选择。

② 使用"风格化"滤镜

"风格化"滤镜包括扩散、浮雕效果、凸出、查找边缘、照亮边缘、曝光过渡、拼贴、等高线和风等滤镜。这些滤镜中有一些和其他滤镜很相似，比如"动感模糊"滤镜类似于"风"滤镜。将这些滤镜混合使用，有时会产生意想不到的效果。在图 10-38 所示中，从左到右分别使用了"扩散"滤镜、"照亮边缘"滤镜和"拼贴"滤镜。

图 10-38 "风格化"滤镜的应用效果

在与光照有关滤镜的对话框中，一般都含有用来调节亮度的选项。"照亮边缘"滤镜的对话框就是一个很好的例子。如图 10-39 所示，通过这个对话框，可以调节被照亮的边缘的宽度、亮度和平滑程度。

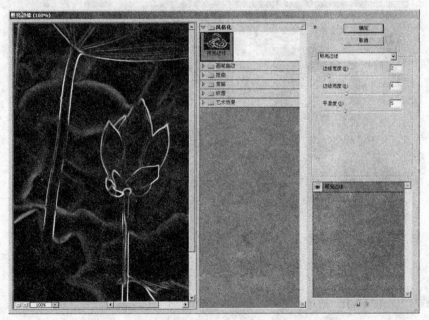

图 10-39 "照亮边缘"滤镜对话框

③ 使用"纹理"滤镜

"纹理"滤镜不是通过颜色和光照来变换图像的，它利用龟缝、颗粒、马赛克拼贴、拼缀图、染色玻璃和纹理化等滤镜让图像看上去具有雕刻效果，能获得像破裂的陶釉、拼贴在一起的碎瓷砖、彩镶玻璃灯一样的效果；也可做出各种粗糙的表面效果，例如砖块、沙粒、帆布效果。如图 10-40 所示是"纹理化"滤镜的效果。

图 10-40　使用"纹理化"滤镜做出的类似将图像印在粗麻布上的效果

　　所有的"纹理"滤镜都能用对话框来调节变换效果。如图 10-41 所示，根据纹理大小、纹理本身及拼贴方式（瓷砖、碎玻璃等）的不同，可产生细微或巨大的变换效果。

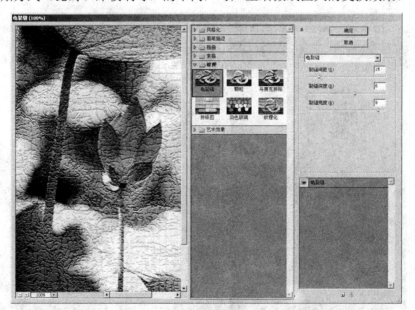

图 10-41　通过改变"裂缝间距"调节"龟裂缝"滤镜的裂痕效果

　　（5）应用"视频"滤镜效果

　　"视频"滤镜只含有"逐行"和"NTFC 颜色"两个滤镜。这些滤镜只用来处理视频图像——平滑隔行抽条的视频图像，并对其颜色进行处理，使之成为普通图像。在 Photoshop 中，"视频"滤镜可以用来处理用数码相机（隔行静止）捕捉的静帧图像或是那些将要用在视频上、电视上播放的图像。当用它们对不是用数码相机捕捉的静帧图像作变换时，不会有明显的效果，所以此处不对"视频"滤镜做详细介绍。

（6）其他滤镜

Photoshop 中无法归类的滤镜有 5 个：自定、高反差保留、最小值、最大值和位移滤镜。图 10-42～图 10-45 为这些滤镜作用于同一幅图像的效果。

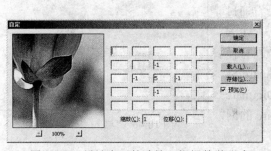 

图 10-42　设计自己的滤镜，根据数学公式　　　图 10-43　"高反差保留"滤镜模糊
调节像素亮度　　　　　　　　　　　　　除边缘外的所有内容

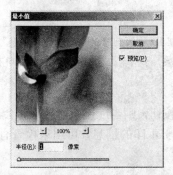 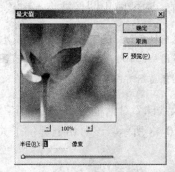

图 10-44　使用"最小值"（左）和"最大值"（右）滤镜将白色的区域变黑或相反

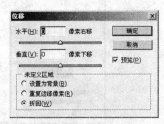 

图 10-45　"位移"滤镜根据所设置的水平和垂直位移量将选区移动到指定位置

"自定"滤镜对话框是一个看上去很复杂的对话框，可以按照预定义的数学公式，如著名的回归算法对图像进行处理。然而，对话框的使用方法很简单，如图 10-42 所示，可设置文本框阵列中的像素亮度值来预览图像。

使用"自定"滤镜的第一步是将需要处理的代表像素亮度的值输入到矩阵中心的文本框中，该值的取值范围为-999～+999。接下来，将相邻像素的亮度值（取值范围同上）输入到与矩阵中心的文本框相邻的文本框中，不必在所有文本框中都输入数值。改变文本框中的值时，有时会得到更令人满意的效果。

（7）嵌入和读取水印

"数字水印"允许在图像中插入标识。因为网络图像很容易被网上冲浪者复制到他们的计算机上并重复使用，该功能将有助于保护网络图像和其他各种印刷物或电子图像的版权。当选择来自"数字水印"子菜单中的"嵌入水印"命令时，会弹出"嵌入水印"对话框，如图 10-46 所示。

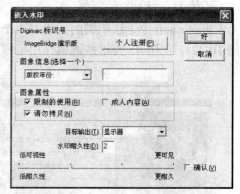

添加水印的第一步是重要且必要的，即必须在 Digimarc 公司进行注册。不这么做，就不能使用数字水印。该公司创建了艺术家作品的数据库。只有通过注册，用户才能获得一个创建程序标识号和一个 PIN 号（个人身份证号码），这样用户才可将此号码与使用权限作为水印加入图像中。"个人注册 Digimarc 标识号"对话框如图 10-47 所示，提供了输入 Digimarc 标识号、个人身份证号码的文本框和 Diginmarc 的网址，供在线注册。

图 10-46 "嵌入水印"对话框

在输入图像信息（版权年份是默认值）之后，可以选择一个"目标输入"（网页、打印或显示器），并设定水印的耐久性。水印耐久性（可由滑块设置或直接输入）决定了水印的透明程度，水印愈明显，愈能防止图像被盗。

★ 小技巧　除了输入版权年份，还可以将图像 ID 或处理 ID 输入到对话框的"图像信息"选项组中，如果图像有许多图层，必须在加水印前合并所有图层。可以单击"确定"按扭合并所有图层，或单击"取消"按钮保留所有图层。

如果在"嵌入水印"对话框中单击"确定"按钮，则当应用了水印后，会出现"嵌入水印"的验证框，如图 10-48 所示。该对话框提供了关于水印的信息，可用来检查有关可见度和权限的设置是否正确。

图 10-47 "个人注册 Digimarc 标识号"对话框

图 10-48 "嵌入水印：验证"对话框

★ 小技巧　想查看一幅图像的水印信息，可选择"数字水印"子菜单的"读取水印"命令，从图像的标题栏上是否出现版权符号 [(c)] 来判断是否被加了水印。

（8）几个特殊滤镜

下面介绍几个不易归类的特殊滤镜。

① 抽出

从一幅图像中抽出部分内容，方法之一是使用"背景橡皮擦工具"，通过擦除背景，得到想从周围事物中分离出的内容。另一较好的方法是使用"滤镜"菜单中的"抽出"命令。当选择"滤镜"菜单中的"抽出"命令时，就打开了"抽出"对话框，如图 10-49 所示。通过该对话框可以控制抽出过程的每个细节，并从对话框顶端的提示信息中获得帮助。

图 10-49 "抽出"对话框

在"抽出"对话框工具箱的"工具选项"选项组中，可找到"高光"和"填充"的下拉列表，用以改变高光和填充的颜色。

"抽出"对话框包含各种工具（左侧），以及调节各工具与整个抽出过程的控制选项（右侧）。图像位于对话框中间，而且还提供导航用的"抓手工具"与用于仔细察看图像或其部分的"缩放工具"。

"抽出"操作的一般步骤如下。

1 用高光（使用边缘高光器工具）描出被抽出图像区域的边缘，如图 10-50 所示。

图 10-50 用绿色的高光描绘想抽出区域图像的边缘

2 单击填充工具（如油漆桶），再单击被选定的抽出区域以保留该区域内容。如图 10-51 所示为一个抽出的设置，它的边缘和内容已被定义。

在"抽出"对话框左边有一个"橡皮擦工具"，可以使用它抹掉不满意的强光边缘。

图 10-51　用填充工具单击边缘内的选区，使它变为蓝色

3 设置抽出的方法。将"平滑"设定为一个比较高的值（初始值是零）以除去抽出区域外的任何图。

★ **提示**　如果想要保护使用了某种颜色的部分区域，可选中"强制前景"选项——如果图像有许多色块的话，会有很棒的效果。如果"强制前景"选项被选中，则"颜色"选项变成可用，单击色块，打开"拾色器"对话框就能在对话框中抽出样品图像中想要的颜色。

4 使用清除工具和边缘修饰工具编辑选区。

★ **提示**　清除工具会减小被抽出区域的不透明度，而边缘修饰工具可修整被抽出区域的边缘。这两个工具只有在单击"预览"按钮，在对话框里看到抽出结果的预览后才可用，如图 10-52 所示。如果喜欢抽出结果，单击"好"按钮，就会应用到图像中。

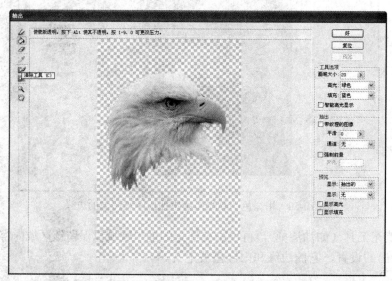

图 10-52　利用清除和边缘修饰工具修整抽出对象并调整它的不透明度

★ **提 示** 虽然能用"还原"命令或单击"历史"面板中的前一个抽出状态来撤销当前的抽出效果，但最好还是为正要抽出的图层创建一个复制图层，制作一个备份。

② 滤镜库

滤镜库是为用户提供一个滤镜平台，它将常用的滤镜命令组合在一个对话框中，通过这个对话框可以直观地预览滤镜的效果，也可以对图像一次性地完成多个滤镜的应用，使用起来方便快捷。

单击菜单栏中的"滤镜"→"滤镜库"命令，即可打开"滤镜库"对话框，如图 10-53 所示。"滤镜库"中提供了大部分的常用滤镜。

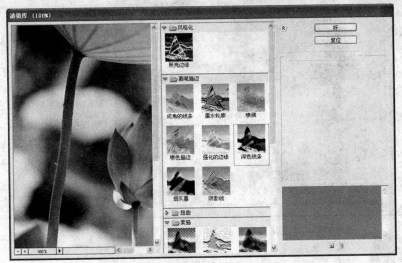

图 10-53 "滤镜库"对话框

③ 液化

"液化"命令可以使图像像液体一样扭曲变形，产生一种液体质感的效果，如图 10-54 所示。而且使用该对话框提供的各种工具，如弯曲、旋转、褶皱和膨胀，还能把图像变成各种形状。

单击"滤镜"菜单下的"液化"命令，打开"液化"对话框，如图 10-55 所示。该对话框提供了各种扭曲图像的工具（左侧）和控制这些扭曲工具效果的选项（右侧）。可以设定画笔的大小和压力值、增加液化强度等必要的设置。

④ 图案生成器

"图案生成器"滤镜可以根据选择区域或剪贴板中的内容创建无数种图案。由于生成的图案基于样本中的像素，因此它与样本具有相同的视觉特性。例如，以草的图像作为样本，则图案生成器生成的拼贴图看起来仍然是草。使用"图案生成器"滤镜可以通过同一个样本生成多个图案，并将图案文件存储为 Photoshop、Illustrator 或 GIF 文件，以供将来在 Photoshop 中作为预设图案使用。

图 10-54 液化图像产生超现实主义的效果

⑤ 消失点滤镜

消失点滤镜是 Photoshop 在滤镜中提供的一个全新的工具，在消失点滤镜创建的图像选区内进行克隆、喷绘、粘贴图像等操作时，所做的操作会自动应用透视原理，按照透视的比例和角度自动计算，自动适应对图像的修改，对于广告工作者或者其他专业设计人士，对同一个效果，用消失点滤镜的确可以节省大量的工作时间，大大提高工作效率。尤其是 Photoshop 升级后，对消失点滤镜进行了更加完善的改进，当对图片中的多面立体图形进行置换的时候，消失点滤镜会自动计算，大大减少操作的时间。运用简单的操作，就能对图片作出很好的效果。

图 10-55 "液化"对话框提供了扭曲图像所需的各种工具

3）外挂滤镜

Photoshop 外挂滤镜是扩展寄主应用软件的补充性程序。寄主程序根据需要把外挂程序调入和调出内存。由于不是基本应用软件中写入的固定代码，因此外挂具有很大的灵活性，重要的是可以根据意愿来更新外挂，而不必更新整个应用程序。著名的外挂滤镜有 KPT、PhotoTools、Eye Candy、Xenofen 和 Ulead Effects 等。

"燃烧的梨树——水之语"是一款外挂滤镜，它可以在已有的像素图上添加水面和倒影，设置如图 10-56 所示，其波纹的倒影效果很令人信服，如图 10-57 所示。

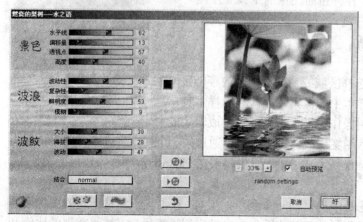

图 10-56 "燃烧的梨树——水之语"对话框

图 10-57 "燃烧的梨树——水之语"
应用效果图

小试牛刀——烧纸效果

最终效果

利用Photoshop可以将旧的照片修复一新,也可以充分而适度地利用滤镜来改善图像效果、掩盖缺陷。反过来,它也能将一幅新的照片变旧,完整的图像变得残缺,如同真的一样。下面利用所学过的知识,制作一幅图像被烧的效果,如图10-58所示。

图 10-58 "烧纸"效果图

设计思路

① 利用选区工具在图像中选择出一个不规则的被烧掉的部分。

② 将被烧掉的边缘做出被火烧的逼真效果。

操作步骤

1 按 Ctrl+O 组合键打开素材图像文件"黄月季.jpg",如图 10-59 所示。

2 选择工具箱中的"套索工具",在图像中创建一个形状不规则的选区,如图 10-60 所示。

图 10-59 原图像

图 10-60 "创建选区"效果

3 在工具箱中单击"以快速蒙版模式编辑"按钮,将选区转换为快速蒙版。然后单击"滤镜"→"像素化"→"晶格化"命令,在打开的"晶格化"对话框中设置"单元格"为7,单击"确定"按钮,得到的效果如图 10-61 所示。

4 在工具箱中单击"以标准模式编辑"按钮,返回标准模式窗口。然后按 Delete 键删除选区中的图像,效果如图 10-62 所示。

图 10-61 "晶格化"效果

图 10-62 "删除选区"效果

5 切换至"通道"面板，单击"将选区存储为通道"按钮，将选区保存为 Alpha 1 通道。

6 单击"选择"→"修改"→"扩展"命令，在打开的"扩展选区"对话框中设置"扩展量"为 6 像素，单击"确定"按钮扩展选区。再单击"选择"→"羽化"命令，在打开的"羽化选区"对话框中设置"羽化半径"为 3 像素。单击"确定"按钮羽化选区，效果如图 10-63 所示。

图 10-63 "羽化"效果

7 单击"选择"→"载入选区命令"，在打开的"载入选区"对话框中设置参数，如图 10-64 所示，单击"确定"按钮。

8 按 Ctrl+U 组合键打开"色相/饱和度"对话框，设置参数如图 10-65 所示。单击"确定"按钮，按 Ctrl+D 组合键取消选区，得到实例的最终效果，如图 10-58 所示。

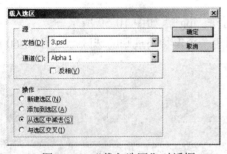

图 10-64 "载入选区"对话框

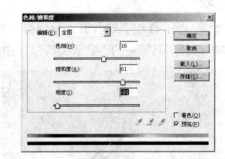

图 10-65 "色相/饱和度"对话框

思考与练习

1）思考

参照项目"雨雪纷纷"的制作方法，将"雪"改为"风"，变成"风雨交加"，那么应该如何处理呢？

2）练习

（1）做出一幅如图 10-66 所示的撕纸效果图。

图 10-66　撕纸效果

操作提示

将原图像从背景图层转化为普通图层，画布扩展为原先的 120%，然后再进行相关调整。

（2）利用滤镜做出如图 10-67 所示的花朵。

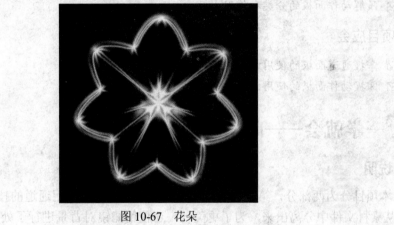

图 10-67　花朵

操作提示

① 在一个新建文件中填充黑白渐变。

② 先使用"波浪"滤镜，再使用"极坐标"滤镜，最后使用"铬黄"滤镜。

③ 新建一个图层，并在其上面填充一个彩色渐变即可。

通道与动作的使用

项目应知

☑ 了解通道的概念和组成
☑ 了解通道与选区的关系
☑ 了解动作面板的分类和作用

项目应会

☑ 掌握通道面板的使用方法
☑ 掌握动作面板的使用方法

一学就会——邮票《梅》

项目说明

本项目分为两部分，第一部分先制作国画效果图，主要用通道的技术将素材中的图形和文字从素材文件中分离出来，为了更美观，还使用滤镜对背景进行了处理。

第二部分就是用制作好的"梅花"来制作邮票，邮票也是使用通道的方法制作的。在制作过程中使用动作录制下来，这样就可以批量制作了。

通过这个项目的学习，可以学会通道的两种用法，一是使用色彩通道分离图像的方法，二是使用 Alpha 通道制作选区的方法。

本项目效果如图 11-1 所示。

图 11-1　邮票《梅》效果图

设计流程

本项目设计流程如图 11-2 所示。

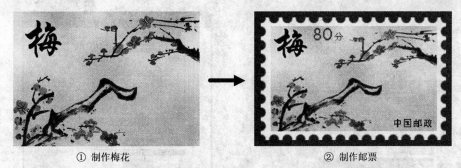

① 制作梅花　　　　　　　　② 制作邮票

图 11-2　"邮票《梅》"设计流程图

项目制作

☞任务 1　制作国画效果图

本任务主要是制作邮票的主体，即邮票的主画面。主要使用通道技术将图像从原图中分离出来。

✍操作步骤

1 执行"文件"→"新建"命令，打开"新建"对话框，如图 11-3 所示。

2 设置前景色为 RGB（255、208、193），执行"编辑"→"填充"命令，打开"填充"对话框，填充前景色。

3 新建图层，用黑白渐变 ▭ 自上至下填充图层。

4 执行"滤镜"→"渲染"→"云彩"命令，图层设置如图 11-4 所示，生成的背景效果如图 11-5 所示。

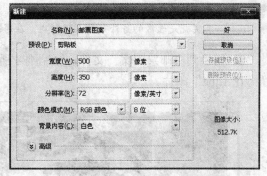

图 11-3　"新建"对话框

图 11-4　图层设置

图 11-5　背景效果

5 打开素材图片"梅花 1.jpg"，打开"通道"面板，复制"绿色"通道为"绿 副本"，如图 11-6 所示。

6 选择"绿 副本"通道，执行"图像"→"调整"→"曲线"命令，调整曲线如图 11-7 所示。

★思 考　在步骤 5 为什么要复制"绿"通道，而不复制其他色彩通道呢？为什么要调整曲线，有什么作用？

图 11-6　复制"绿"通道

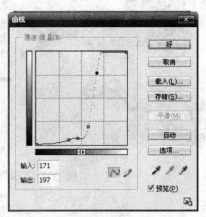

图 11-7　调整曲线

7 执行"图像"→"调整"→"反相"命令，效果如图 11-8 所示。

8 执行"选择"→"载入选区"命令，选择"绿 副本"通道，载入选区，返回"RGB 通道"模式，执行"编辑"→"复制"命令。

★ 提 示　通道的载入和选区的载入一样，也可以使用按 Ctrl 键单击通道名称完成，从这里可以看出，通道其实就是选区的另外一种表现形式。在通道里，白色部分代表选区，黑色代表未选择部分。

9 切换到"邮票图案"文件，复制刚才所选区域，调整大小，效果如图 11-9 所示。关闭"梅花 1.jpg"图片。

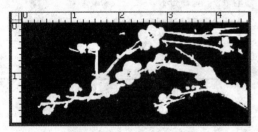

图 11-8　反相绿副本通道

图 11-9　复制梅花效果

10 打开"梅花 2.jpg"图片，用上面的方法处理，并复制到"邮票图案"中，如图 11-10 所示。

11 在左上角输入文字"梅"，如图 11-11 所示。

图 11-10　复制梅花

图 11-11　输入文字

★ 提 示　本项目中大量使用通道的方法去除背景、抠图片，这和以前使用的其他方法有所不同。使用通道的方法可以将图形中半透明及透明部分很好地选择出来，而不丢失原来的效果。

任务2 制作邮票

本任务主要使用通道的黑白背景产生效果，制作锯齿边缘。

操作步骤

1 执行"文件"→"新建"命令，新建一个文件，文件大小为 20×20 像素，背景为白色。

2 用"画笔工具"在图像上点一个 15×15 像素的圆，如图 11-12 所示。

3 执行"编辑"→"定义图案"命令，名称为"齿孔"，如图 11-13 所示，单击"确定"按钮定义一个图案，关闭这个文件。

图 11-12　图案

图 11-13　定义图案

4 新建一个文件，名称为"邮票"，大小为 300×200 像素，背景用深色填充。

5 打开"动作"面板，新建一个动作，名称为"邮票"，如图 11-14 所示

★ **提 示**　单击"记录"后就开始录制了，此后所有的操作都将被记录，直到单击"动作"面板下方的"停止"按钮。

6 打开文件"邮票素材.jpg"，将图片复制到邮票文件中。

7 用自由变换调整复制的邮票素材图形为宽 260 像素，高 180 像素，调整至中心位置。

8 打开"通道"面板，新建一个 Alpha1 通道，如图 11-15 所示。

9 选择 Alpha1 通道，用前面做好的"齿孔"图案填充。如图 11-16 所示。

图 11-14　新建动作

图 11-15　新建 Alpha 通道

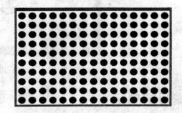
图 11-16　填充齿孔

10 单击"矩形选框工具"，画一个如图 11-17 所示的矩形选区，执行"选择"→"存储选区"命令，将其存储为一个 Alpha 通道，名称为"主体"，如图 11-18 所示。

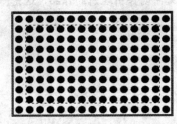
图 11-17　新建一个普通选区

图 11-18　存储选区对话框

11 将 Alpha1 通道的选区部分用白色填充，然后再做一个选区，从最外边圆点中心框出一个选区，如图 11-19 所示。

12 反选选区，用黑色填充，如图 11-20 所示。到此，邮票的选区就已做好。

13 返回"图层"面板，在背景图层的上面新建一个图层，名称为"底"，用白色填充。

14 执行"选择"→"载入选区"命令，将 Alpha1 通道载入，反选。选择图层"底"，按"Delete"键删除。隐藏"图层 1"，如图 11-21 所示。

图 11-19 填充选区并做新选区

图 11-20 用黑色填充选

图 11-21 生成边框

15 选择"图层 1"，执行"选择"→"载入选区"命令，将"主体"通道载入，反选。按"Delete"键删除，如图 11-22 所示。

★ **提示** 要注意图层之间的关系，图层"底"是制作邮票基本形状的，而"图层 1"是邮票的画面区，所以"图层 1"的大小要小于图层"底"。

16 添加文字，如图 11-23 所示，隐藏背景图层，将其他可见图层合并，在"动作"面板下停止录制，完成项目。

图 11-22 生成邮票

图 11-23 完成图

归纳总结

☑ 本项目是多个效果的综合运用，其中"动作"的使用是新内容，所以在学习的时候要注意，它的作用主要是批量制作一定的效果，能大大提高效率。通道的作用在这里也得到了体现，通道与选区是相互关联的，通道是制作特定选区非常好的一个工具。本项目还使用了以前学习过的内容，如"选区工具"、"套索工具"、"滤镜"、"蒙版"等。

☑ 运用本项目中所学到的方法，能够综合运用多个素材文件创作出理想的作品，这是平面设计的基本功。

📖 知识延伸

1）通道概述

在 Photoshop 中，通道用以存放图像的颜色信息，还可以存放用户定义的选区信息，从而使用户可以用较为复杂的方式操作图像中特定的部分。每当一个新图像被打开，Photoshop 就会自动创建一组颜色信息通道，这个通道的数目是和图像本身的色彩模式相关的。一般情况下，RGB 模式有 4 个通道，其中 3 个颜色通道，1 个复合通道；而 CMYK 模式是 5 个通道，1 个复合通道加 4 个对应于 C、M、Y、K 的通道。在默认情况下，"通道"面板中的通道都以灰度显示。

① 通道的最终目的是为了记录选区范围，可以通过黑与白的形式将其保存为单独的图像，这种独立并依附于原图的、用以保存选择区域的黑白图像称为"通道"。

② 通道分为色彩通道、Alpha 通道和专色通道，我们主要操作的是 Alpha 通道。

③ "通道"面板的下方有 4 个按钮，分别是"将通道作为选区载入" ⊙ 、"将选区存储为通道" ▣ 、"新建通道" ▣ 、"删除通道" 🗑 。

2）通道操作

通道的操作主要包括通道的选择、创建、复制、删除、分离、合并以及运算等。

（1）选择通道

通道与图层一样，在对某通道进行编辑处理时，只需单击该通道对应的缩览图即可。

（2）创建通道

通过"通道"控制面板，可以快速创建 Alpha 通道和专色通道。创建 Alpha 通道有两种方法。

【方法 1】 单击"新建通道"按钮，即得到一个新建的 Alpha 通道。其在图像窗口中显示为黑色。

【方法 2】 单击通道快捷菜单按钮，在弹出的快捷菜单中选择"新建通道"命令。

创建专色通道只需单击通道快捷菜单按钮，在弹出的快捷菜单中选择"新建专色通道"命令，设置好参数即可创建专色通道。

（3）复制通道

先选中需要复制的通道，然后按住鼠标左键不放并拖动到下方的"创建新通道"按钮上，释放鼠标即可。

（4）删除通道

最简单的方法是直接将要删除的通道拖动到"删除通道"按钮上。

（5）通道的分离与合并

为了便于编辑图像，需要将一个图像文件的各个通道分开，各自成为一个拥有独立图像窗口和"通道"面板的独立文件，可以对各个通道文件进行独立编辑。当编辑完成后，再将各个独立的通道文件合成到一个图像文件中。系统会自动将图像按原图像中的分色通道数目分解为 3 个独立的灰度图像：绿色通道、蓝色通道和红色通道。

（6）通道的运算

Photoshop 也可以对两个不同图像中的通道进行同时运算，以得到更精彩的图像效果。

3）通道编辑

对图像的编辑过程实质上就是对通道的编辑。因为通道是真实记录图像信息的地方，无论色彩的改变、选区的增减、渐变的产生，实际上都是通道的变化。通道可以看做其他工具的起源，它与其他很多工具有着千丝万缕的联系，如选区、蒙版。

（1）利用选择工具

Photoshop 中的选择工具包括选框工具、套索工具、魔棒工具、文字蒙版工具以及由路径转换来的选区等，其中包括不同羽化值的设置，这些选区只需要使用"选择"菜单中的"载入选区"就可以转入通道进行处理。

（2）利用绘图工具

绘图工具包括喷枪、画笔、铅笔、图章、橡皮擦、渐变、油漆桶、模糊锐化、涂抹、加深、减淡和海绵等工具。利用绘图工具编辑通道的一个优势在于可以精确的控制笔触（虽然比不上绘图板），从而得到更为柔和复杂的边缘。

这里要提一下"渐变工具"。因为这类工具特别容易被人忽视，可是相对于通道它又特别有用。它是 Photoshop 中严格意义上的一次可以涂画多种颜色而且包含平滑过渡的绘图工具，对通道而言，也就是带来了平滑细腻的渐变。

（3）利用滤镜

在通道中进行的滤镜操作通常是在不同灰度的情况下进行的，而运用滤镜的原因，通常是为了刻意追求一种出乎意料的效果或者只是为了控制边缘。原则上讲，可以在通道中运用任何一个滤镜去实验，当然这只是在没有任何目的的时候。实际上大部分人在运用滤镜操作通道时通常有着较为明确的愿望，比如锐化或者虚化边缘，从而建立更适合的选区。各种情况比较复杂，需要根据目的的不同做相应的处理，但尽可试一下，总会有收获的。

（4）利用调节工具

特别有用的调节工具包括色阶和曲线。在用这些工具调节图像时，会看到对话框上有一个通道菜单，在这里可以选择所要编辑的颜色通道。当选中希望调整的通道时，按住 Shift 键，再单击另一个通道，最后打开图像中的复合通道。这样就可以强制这些工具同时作用于一个通道。

对于编辑通道来说，这当然是有用的，但实际上并不常用，因为可以建立调节图层而不必破坏最原始的信息。

再强调一点，单纯的通道操作是不可能对图像本身产生任何效果的，必须同其他工具结合，如选区和蒙板（其中蒙板是最重要的），所以在理解通道时最好与这些工具联系起来，才能知道精心制作的通道可以在图像中起到什么样的作用。

4）动作面板

在实际处理图像的过程中经常需要对大量的图像采用同样的操作，如果逐个处理，不仅慢，还容易出错，"动作"功能就解决了这一问题。它可以将一组操作事先录制下来，作为一个命令集合，用的时候只需播放即可。Photoshop 本身提供了很多有用的动作，比如相框等。

动作面板选项说明如下。

- ：播放动作按钮。当成功录制一个动作后，就可以播放这个动作了，Photoshop 将把录制的一系列命令集合重新执行一遍。这样，可以批量快速地完成一系列操作。在播放前，要确认录制时的条件是不是和现在的一样，这个要严格执行。还有，不仅可以从头播放，还可以从中间某一个步骤处进行播放。
- ：录制动作按钮。单击这个按钮可以录制一个动作，但前提是必须有一个动作。
- ：创建新动作按钮。单击这个按钮可以创建一个新的动作。可以为新动作创建快捷键、设置按钮的颜色等，创建后即做记录。

- ■：停止录制按钮。单击这个按钮可以停止一个动作的录制。
- 回放选项：如果在动作执行过程中出现问题，而播放速度太快无法查到出错的位置，那么可以使用"回放选项"放慢播放速度，甚至可以逐步执行，如图11-24 所示。

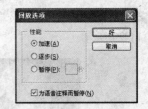

图 11-24 "回放选项"对话框

小试牛刀——婚纱抠图"许愿"

最终效果

制作完成的效果如图 11-25 所示。

图 11-25 "许愿"效果图

设计思路

使用通道不仅可以抠出图像来，而且还能将半透明效果的图像抠出，比如婚纱，就能很好地将那种半透明的朦朦胧胧的质感表现出来。

操作步骤

1 打开素材"婚纱 jpg"，进入"通道"面板，复制"红通道"为"红 副本"，如图 11-26 所示。

2 对"红 副本"通道执行"图像"→"调整"→"反相"命令，再执行"色阶"命令，色阶设置如图 11-27 所示。提高对比度，加大反差，如图 11-28 所示。

图 11-26 复制红通道

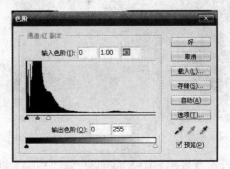

图 11-27 色阶设置

173

3 利用"钢笔工具"或"磁性套索工具"描出人物的整个轮廓，这里用的是"钢笔工具"，如图 11-29 所示。

图 11-28　增强对比度

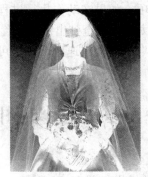
图 11-29　做选区

4 建立选区后反选，然后用黑色填充，取消选区。

5 将"红 副本"通道作为选区载入，如图 11-30 所示。

6 回到"RGB 复合通道"，复制选区内的图像，如图 11-31 所示。

图 11-30　载入"红 副本"通道

图 11-31　复制选区

7 新建一个文件，背景用蓝色填充，将婚纱图像粘贴到这个文件中，如图 11-32 所示。

8 此时图像的人物部分是半透明状态，回到婚纱图像中，用"钢笔工具"或"套索工具"将人物的不透明部分选出，如图 11-33 所示，然后复制到新建文件中，与刚才的那个图像重合。最好在复制时羽化两个像素，效果如图 11-34 所示。

图 11-32　粘贴图像

图 11-33　绘制不透明部分

图 11-34　复制不透明部分

9 最后在背景图层的上面复制"星空.jpg"背景图片，最后效果如图 11-25 所示。

思考与练习

1）思考

制作邮票的方法有很多种,能使用除介绍的方法以外的其他方法完成邮票的制作吗？譬如使用路径描边的方法。

2）练习

抠图练习。图 11-35 所示是需要处理的原图,图 11-36 是处理后的图片,试着用前面所学的知识进行处理。这个题目主要练习的是使用通道的方法抠树木的细节,用前面所学的方法可以很容易办到,请自己动手试试吧。

图 11-35　原图

图 11-36　完成图

项目 *12*

图形综合处理

项目应知

☑ 了解综合处理图形图像的过程

项目应会

☑ 掌握精细作图的方法
☑ 掌握综合作图的方法与步骤

一学就会——自制新年贺卡

项目说明

作为一张完整的贺卡，要使之成为一个商品，不仅要制作出它的正面图，还要有内面图。为了向客户更好地展示这个作品，还要制作出它的效果图。

制作本范例使用到的工具和命令主要有"选框"、"路径"、"图层样式"、"移动"、"自由变换"、"羽化"、"填充"、"蒙板"、"通道"、"色彩范围"等。

本项目效果如图 12-1～图 12-4 所示。

图 12-1 贺卡封面效果图

图 12-2 贺卡封里效果图

图 12-3 贺卡封面立体效果图

图 12-4 贺卡封里立体效果图

设计流程

1）制作贺卡封面

设计流程如图 12-5 所示。

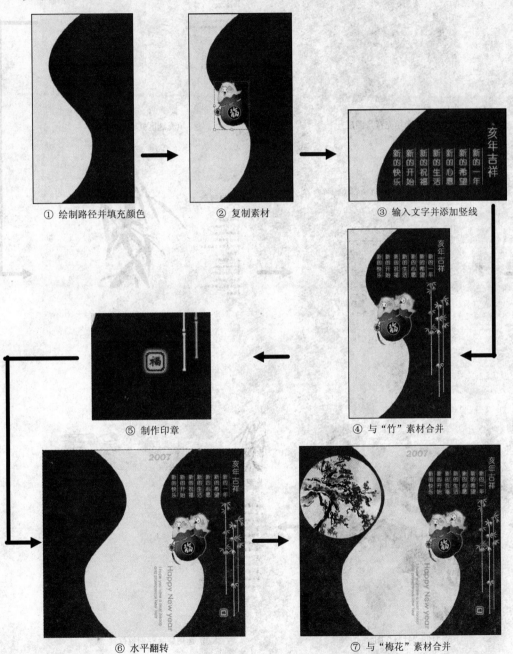

① 绘制路径并填充颜色　　② 复制素材　　③ 输入文字并添加竖线

⑤ 制作印章　　④ 与"竹"素材合并

⑥ 水平翻转　　⑦ 与"梅花"素材合并

图 12-5　贺卡封面设计流程图

2）制作贺卡封里

设计流程如图 12-6 所示。

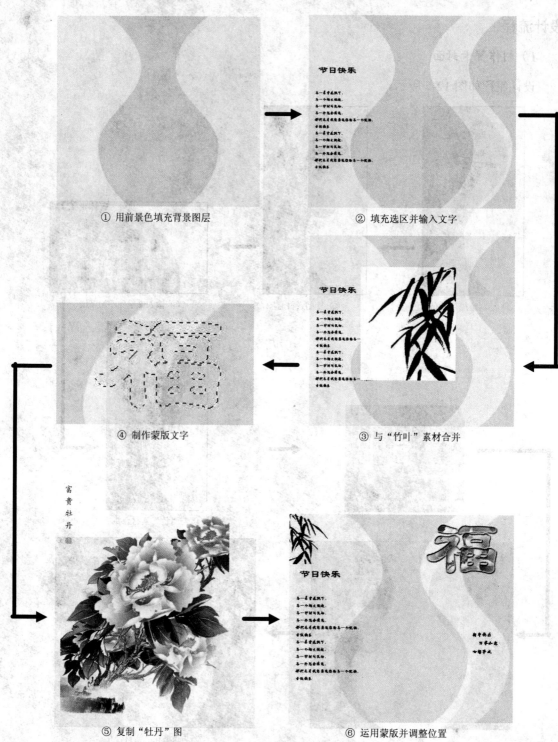

① 用前景色填充背景图层　　　　② 填充选区并输入文字

④ 制作蒙版文字　　　　③ 与"竹叶"素材合并

⑤ 复制"牡丹"图　　　　⑥ 运用蒙版并调整位置

图 12-6　贺卡封里设计流程图

3）制作效果图

设计流程如图 12-7 所示。

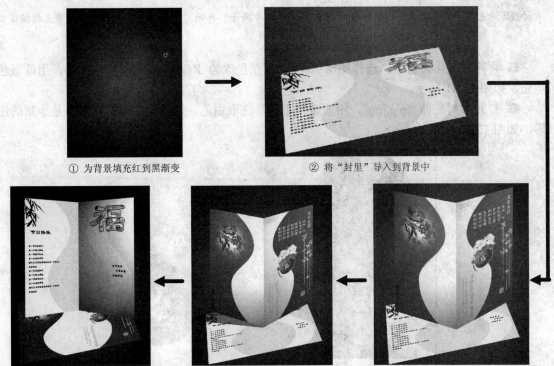

① 为背景填充红到黑渐变　　　　　② 将"封里"导入到背景中

⑤ 方法同前，完成贺卡封里效果图制作　④ 添加阴影完成贺卡封面效果图制作　③ 导入封面，自由变形后添加"光照效果"

图 12-7　效果图制作设计流程图

项目制作

任务 1　制作贺卡封面

这是整个项目的重点，也是这个作品的主要组成部分。本任务主要使用以下工具和命令："选框"、"路径"、"图层样式"、"移动"、"自由变换"、"羽化"等。

操作步骤

1 执行菜单栏中的"文件"→"新建"命令，新建一个文件，名称为"贺卡封面"，文件大小为 330×300 像素，背景为白色 RGB 颜色模式。

2 用颜色 RGB（172，20，28）填充背景。新建一个图层，命名为"左"，如图 12-8 所示。

3 切换到"路径"面板，新建一个路径，如图 12-9 所示，命名为"路径 1"。

4 绘制路径，如图 12-10 所示。

图 12-8　新建图层"左"　　　　图 12-9　建立路径　　　　图 12-10　绘制路径

★ 小技巧 先用"钢笔工具"绘制路径的轮廓，如图 12-9 所示，再用"节点转换工具"将直线节点转换成曲线节点，然后调整即可。

5 将路径转化为选区，选择图层"左"，前景色改为 RGB（252，232，207），用前景色填充，如图 12-11 所示。

6 打开素材文件"pig.jpg"，用"魔棒工具"选取白色，然后反选，则选中的是小猪的图形，如图 12-12 所示。

图 12-11　填充颜色　　　　　　　　　　图 12-12　素材 pig.jpg

7 复制小猪的图形到文件"贺卡封面"，命名为"pig"，调整大小，如图 12-13 所示。

8 复制"pig"层为"pig 复件"，向右旋转一定角度，并移到"pig"层的下面，如图 12-14 所示。

图 12-13　复制小猪　　　　　　　　图 12-14　调整并复制素材

9 合并"pig"和"pig 复件"图层，并设置"图层样式"为外发光效果。

10 选择"直排文字工具"，在上方输入文字"亥年吉祥"，字体为"幼圆"，24 磅，文字颜色为 RGB（255，204，102）。

11 在"亥年吉祥"的左边输入文字，字体为幼圆，字号 16 磅，颜色 RGB（255，204，102），执行"描边"命令用红色描边，如图 12-15 所示。

12 给文字加竖线，如图 12-16 所示，在每一纵行文字的右方绘制参考线。

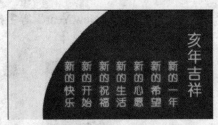

图 12-15　输入文字

图 12-16　给文字添加参考线

在精细制图时，参考线经常会被用到，相关操作还有"标尺"和"对齐"，这些操作组合在一起，可以比较准确地规划布局。另外，参考线在使用完之后最好清除。所有操作都可以在"视图"菜单中完成。

13 用"单列选框工具"沿参考线创建列选区，然后用"矩形选框工具"的"减去选区"选项，分别将单列选区的上方和下方去除，如图 12-17 所示。给文字加竖线，如图 12-18 所示。

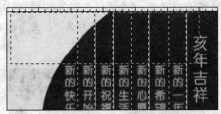

图 12-17　减去选区

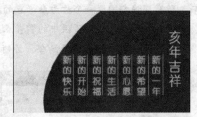

图 12-18　给文字加竖线

14 打开素材图片"竹.psd"，将图层"zhu"内的竹子图形复制到"贺卡封面"内，并用"自由变换"调整大小到合适位置，如图 12-19 所示。

15 制作印章。新建图层"印"，绘制一个 20×20 像素的选区，执行"选择"→"修改"→"平滑"命令，取样半径设为 3 像素，效果如图 12-20 所示。

16 给选区描边，描边半径为 3，红色；然后在中间输入"福"字，设置为 16 磅字，红色，合并两个图层，并应用"外发光"样式，效果如图 12-21 所示。

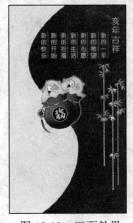

图 12-19　正面效果

图 12-20　绘制一个 20×20 选区

图 12-21　制作印章

★ 提示　本例所用竹子的素材可以用 Photoshop 绘制，具体制作方法将作为练习。

17 在图层左边输入文字，上方输入"2007"，下方输入"Happy New Year"等字样，如图 12-22、图 12-23 所示。

图 12-22　输入文字

图 12-23　输入文字

18 制作贺卡的左半面。执行"图像"→"画布大小"命令，设置如图 12-24 所示。

19 背景用 RGB（172，20，28）填充。复制图层"左"为新图层"左 2"，将"左 2"图层中的参考点移至图形的左边中心点上。执行"编辑"→"变换"→"水平翻转"命令，结果如图 12-25 所示。

★ 提 示　所有变换都围绕一个称为参考点的固定点执行。默认情况下，这个点位于正在变换的项目的中心。但是，可以使用选项栏中的参考点定位符更改参考点，或者将中心点移到其他位置。在这里，为了使两个图形能无缝地结合，必须将参考点移动到项目的左边。

图 12-24　"画布大小"的参数设置

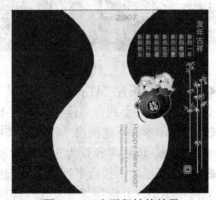

图 12-25　水平翻转的效果

20 打开素材文件"梅花.jpg"，用"椭圆选框工具"选取一部分，如图 12-26 所示。

图 12-26　梅花素材

21 复制选区到"贺卡封面"文件中，调整大小并移到如图 12-27 所示位置。

22 在"梅花"图层用"椭圆选框工具"绘制一个圆形区域，并反选，设置羽化半径为40；用 Delete 键删除四到五次，效果如图 12-28 所示。将这个文件另存为一个 JPG 文件，文件名为"贺卡封面.jpg"。至此，贺卡封面完成。

图 12-27　复制"梅花"

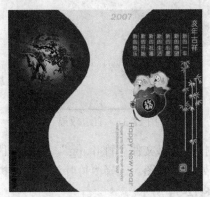
图 12-28　封面全图

★**思　考**　这一步操作也可以使用蒙版的方法。考虑一下使用蒙版怎么做，有什么优点？

☞**任务2　制作贺卡封里**

本任务运用了"选框工具"、"自由变换"以及"图层蒙版"等。

🖱**操作步骤**

1 新建文件，大小为 660×600 像素，名称为"封里"，前景色设置为 RGB（253，243，231），用前景色填充背景图层，如图 12-29 所示。

2 打开"贺卡封面.psd"，将其中的图层"左"和"左 2"复制到"封里"文件中，分别命名为"左"和"右"。

★**小技巧**　使用"图层复制"可以很方便地将一个文件中的图层复制到另一个文件中，具体操作是：在要复制的图层上单击右键，选择"复制图层"，也可以在"图层"菜单里进行操作。

3 选择图层"右"，用"魔棒工具"选出右边的区域，如图 12-30 所示。

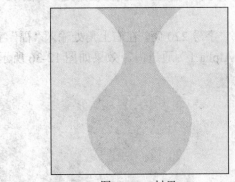
图 12-29　封里

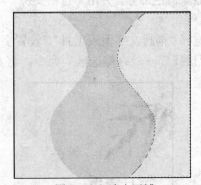
图 12-30　选出区域

4 新建图层，向右移动选区到合适位置，并用 RGB（252，232，207）填充，如图 12-31 所示。

5 在左侧输入文字，文字内容可以自己定，如图 12-32 所示。

图 12-31　右边效果

图 12-32　添加文字

6 打开素材文件"竹叶.jpg"，选取一段竹叶，复制到"封里"文件中，如图 12-33 所示。

7 处理竹叶图。选择"竹叶"图层，执行"选择"→"色彩范围"命令，选取白色部分，设置如图 12-34 所示。

★ **提 示**　"色彩范围"提供了更强大的选择方式，不仅可以通过取样方式选择色彩区域，还可以通过预设色彩的方式建立选区。在这里，色彩和选区有了更直接的联系。

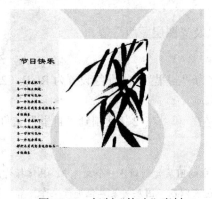

图 12-33　复制"竹叶"素材

图 12-34　"色彩范围"对话框

8 删除白色部分，并用"自由变换"功能调整其大小、位置，放到左上角处，如图 12-35 所示。

9 选择"横排文字蒙版工具"，设置字体为隶书，字号 220 磅，在右上角处输入"福"字，并执行"选择"→"存储选区"命令，将其存入"Alpha 1"通道内。效果如图 12-36 所示。

图 12-35　竹子位置

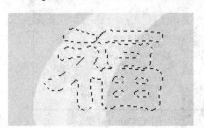

图 12-36　文字蒙版

10 打开素材文件"牡丹.jpg"。选取一部分复制到"封里"，命名图层为"牡丹"，调整位置与大小到右上角，如图 12-37 所示。

11 执行"选择"→"载入选区"命令，载入选区"Alpha 1"，建立"蒙版"，如图 12-38 所示。

图 12-37 复制"牡丹"图

图 12-38 图层蒙版

12 新建图层，载入选区"Alpha 1"，执行"编辑"→"描边"命令，描边半径为 2 像素，用金黄色描边。执行"样式"→"斜面与浮雕"→"浮雕效果"命令，设置如图 12-39 所示。

13 根据要表达的意思，再输入一些祝福的文字即可，如图 12-40 所示。将这个文件另存为"贺卡封里.jpg"文件。

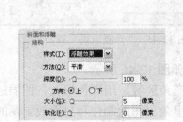

图 12-39 "斜面和浮雕"参数设置

图 12-40 封里全图

任务3 制作展示效果

为了更好地展示作品，就需要制作一个效果图，让别人能有一个更直观的认识。制作的方法非常简单，只要处理好效果图的立体效果就可以了，主要是光线的运用，使效果图有一个立体上的层次。这里主要运用了"自由变换"、"滤镜"的渲染等效果。

操作步骤

1 新建文件，大小为 800×1000 像素，背景为白色模式为 RGB，名称为"封面效果"。

2 设置前景色为红色，背景色为黑色，选择"渐变工具"，编辑从红色到黑色渐变效果，由中心向外拉出一个径向渐变效果，如图 12-41 所示。

3 打开"贺卡封里.jpg"，全选，复制到当前"封面效果"文件中，用"自由变换"功能调整大小和形状，如图 12-42 所示。

4 打开"贺卡封面.jpg"文件，打开标尺，在 X 坐标 330 像素处创建一个纵向的辅助线，将图形一分为二，用"矩形选框工具"先复制右边的图形至"封面效果"图中，命名为"正面"，然后调整形状，如图 12-43 所示。

图 12-41　背景

图 12-42　将封里作为背景一部分

图 12-43　封面的透视效果（1）

5 同上步，复制左边图形至"封面效果"里，命名为"背面"，调整效果如图 12-44 所示。

6 选择图层"正面"，执行"滤镜"→"渲染"→"光照效果"命令，设置如图 12-45 所示。

图 12-44　封面的透视效果（2）

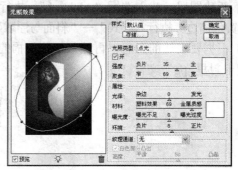

图 12-45　"光照效果"参数设置

7 同样，图层"背面"也做同样的处理，效果如图 12-46 所示。

8 新建图层，用"多边形套索工具"绘制一个三角区域，用黑色填充，图层透明度改为 50%，如图 12-47 所示，最终效果如图 12-3 所示。封里效果图的制作和封面效果图的制作方法大致一样，这个留给大家去做。

图 12-46　透视效果

图 12-47　增加阴影

归纳总结

☑ 本项目是多个效果的综合运用，使用了前面学习的大部分内容，但没有很深的技巧，当使用 Photoshop 来完成一个作品时，有时候并不需要很高深的 Photoshop 技巧，首先要对你的作品有一个比较完善的创意，对作品的整体有一个很好的认识，然后是对素材的灵活运用与掌握。

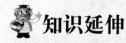 **知识延伸**

1）新建文件的要求

（1）文件大小

对于完整的作品，文件大小的设定应该与设计打印稿的大小一致，建议使用"厘米"为单位。

（2）分辨率

打印稿的分辨率应不低于 300ppi，但在作品设计时，为了加快设计速度，可以降低分辨率，设为 72ppi 即可。因为高分辨率下工作的速度会大大变慢，而且显示器的最大显示分辨率就是 72ppi，所以在印刷前再将分辨率更改为 300ppi。

（3）颜色模式

一般为 RGB 或 CMYK。如果只用于屏幕输出，则选择 RGB；如果用于印刷则选择使用 CMYK 颜色模式。在实际设计中，并不主张直接使用 CMYK 色彩模式，这是因为虽然 CMYK 色彩模式可免除色彩方面的失真，但是运行速度将会慢很多，所以建议先用 RGB 模式编辑，在印刷前再转换成 CMYK 模式，然后加以必要的校色和修饰。

2）精细制图的要求

精细制图是为了使图形制作得更加完美，而且具备可复制性，即使用用户提供的尺寸与色彩设定，可以很快地重新制作出一个一模一样的作品。

在精细制图中，首先要打开标尺，根据需要设定标尺的度量单位。如果用于屏幕输出，可以用"像素"为单位；如果用于打印，可以用"厘米"为单位，但不是绝对的，可以根据制图的具体情况而定。打开标尺可以在制作中量化尺寸，使得主要编辑对象的尺寸符合具体的要求。

一个作品中色彩的设计也是很重要的一部分。对于一个作品来讲，首先要确定它的基本色调，用于表达作品的基本思想，一旦确定色彩，那么在使用中就不能随意更改；再者，色彩在确定时要注意最好不要使用溢出色，否则在印刷时会出现色彩偏差。

小试牛刀——自制包装盒

最终效果

制作完成的最终效果如图 12-48 所示。

图 12-48 "自制包装盒"效果图

设计思路

这个包装盒为立体效果图，所以在制作的时候要充分认识到这一点。因为是一个六边形，那么它的立体感觉就和四方的不同。从正面角度看到的就是有 4 个面，所以在制作的时候要把 4 个面的效果做出后拼接在一起。

操作步骤

1 新建文件，大小为 640×480 像素，背景为白色，模式为 RGB。

2 创建新图层为"图层 1"，设置前景色为红色 RGB（204，0，5），选择"多边形工具"，在"多边形工具"选项栏里设置边数为 6，拖动鼠标在"图层 1"中绘制一个正六边形。

3 按 Ctrl 键，单击"图层 1"，载入"图层 1"的六边形选区。设置前景色为黄色 RGB（255，204，0），执行"编辑"→"描边"命令，设置宽度为 5，位置"居外"，如图 12-49 所示。

4 新建"图层 2"，再次将"图层 1"中的六边形作为选区载入，使用"椭圆选框工具"，选择"与选区交叉模式"，在多边形上绘制椭圆。

5 将得到的选区用白色填充，并设置"图层 2"的不透明度为 40%，取消选区，如图 12-50 所示。

6 打开素材文件"烤鸭.jpg"，将"烤鸭"图形复制到当前文件中。调整大小，用"椭圆选框工具"选中盘子，设置羽化值为 10，反选，按 3 次 Delete 键，输入相应文字，如图 12-51 所示。

图 12-49　六边形选区　　　　图 12-50　取消选区　　　　图 12-51　图片及文字

7 在六边形上方输入"北京特产"4 个字，然后选择"直线工具"，粗细为 2 像素。设置前景色为黄色，为文字绘制一个边框。再用"直排文字工具"垂直输入公司名称，如图 12-52 所示。

8 隐藏背景图层，将可见图层合并。显示背景图层，选择"渐变工具"，填充黑白两色的径向渐变，效果如图 12-53 所示。

9 用"自由变换工具"对盒子顶面作变形处理，效果如图 12-54 所示。

 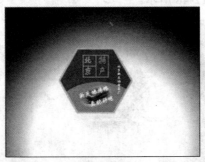 

图 12-52　文字效果　　　　　图 12-53　顶面效果　　　　　图 12-54　变形处理

10 在盒子顶面图层的下面新建一个图层，按 Ctrl 键并单击"盒子正面"图层，选中六边形，垂直向下移动到想要的盒子高度位置，执行"选择"→"修改"→"扩展"命令，设置扩展量为 10 像素，再设置羽化，羽化半径为 20 像素，最后用黑色填充，如图 12-55 所示。

11 新建图层，命名为"盒子侧面"。沿着正面的边缘按透视原理给盒子加上能看到的侧面。在盒子的各个侧面应按照光照的效果改变色彩的深浅度，效果如图 12-56 所示。

图 12-55　扩展、羽化效果　　　　　图 12-56　添加侧面

12 新建图层，命名为"黄色线条"，设置前景色为黄色，选择"画笔工具"，在做好的盒子的两个相对面分别画上两根黄色的线条，然后执行"滤镜"→"纹理"→"纹理化"命令。最终效果如图 12-48 所示。

❓ 思考与练习

练习

（1）找一个类似贺卡的物品，观察在不同视角下的立体效果，并与本项目相比对，尝试制作出其他视角下的效果图。

（2）在本项目中，"竹子"的素材是通过 Photoshop 绘制的。根据以前所学的知识，自己绘制出这个素材。另外，竹子形状很多，这是其中的一种，能不能再找出其他竹子形状的做法，如较粗的墨竹，同学们想一想，做一做。

操作提示

① 绘制出竹子的一节，然后复制拼接。

② 制作如图 12-57 所示选区绘制竹节。

图 12-57　竹节的制作方法

③ 对选区执行"选区"→"修改"→"平滑"命令，完成后存入通道。

④ 竹叶的制作可以绘制出几种竹叶的形状，存入通道，使用时通过改变方位即可，如图 12-58 所示。

图 12-58　竹叶的制作方法

⑤ 复制竹子的选区，拼接，然后从通道中不断地载入竹叶的选区，变化选区位置及形状，填充颜色。

子项目 1　图像特效设计

实训 1　"反转负冲" 效果

最终效果

本实训的最终效果如图 13-1 所示。

图 13-1　"反转负冲" 效果图

实训说明

"反转负冲"是在胶片拍摄中比较特殊的一种手法。就是用负片的冲洗工艺来冲洗反转片，这样会得到比较诡异而且有趣的色彩。Photoshop 号称"数字暗房"，当然也可以对照片作一番"反转负冲"。

操作步骤

1 执行"文件"→"打开"命令，打开素材文件"素材 11.jpg"。

2 打开"通道"面板，在"通道"面板中选择"蓝色"通道，执行"图像"→"应用图像"命令，选中"反相"，混合模式设置为"正片叠底"，不透明度为 50%，如图 13-2 所示，单击"确定"按钮。

3 在"通道"面板中选择"绿色"通道，执行"图像"→"应用图像"命令，选中"反相"，混合模式设置为"正片叠底"，不透明度为 20%，单击"确定"按钮。

4 在"通道"面板中选择"红色"通道，执行"图像"→"应用图像"命令，混合模式采用"颜色加深"，单击"确定"按钮。

5 在"通道"面板选"蓝色"通道，执行"图像"→"调整"→"色阶"（或者直接用快捷键 Ctrl＋L 调出），在"输入色阶"栏输入 25、0.75、150，如图 13-3 所示，单击"确定"按钮。

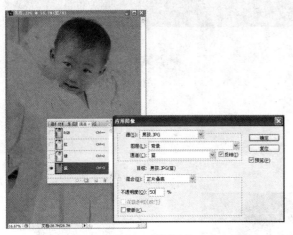

图 13-2　执行"应用图像"命令

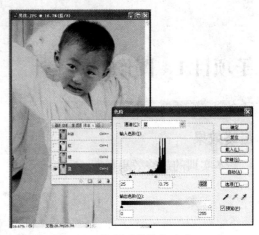

图 13-3　执行"色阶"命令

6 在"通道"面板中选择"绿色"通道，执行"图像"→"调整"→"色阶"（或者直接用快捷键 Ctrl+L 调出），在"输入色阶"栏输入 40、1.20、220，单击"确定"按钮。

7 在"通道"面板中选择"红色"通道，执行"图像"→"调整"→"色阶"（或者直接用快捷键 Ctrl+L 调出），在"输入色阶"栏输入 50、1.30、255，单击"确定"按钮。

8 在"通道"面板单击"RGB"通道，选择全部通道，执行"图像"→"调整"→"亮度/对比度"调整"亮度"为-5，"对比度"+20，单击"确定"按钮，如图 13-4 所示。

9 执行"图像"→"调整"→"色相/饱和度"命令（或者直接用快捷键 Ctrl+U 调出），调整"饱和度"为+15，单击"确定"按钮，得到最终效果如图 13-5 所示。

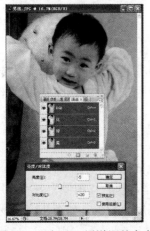

图 13-4　对 RGB 通道调整亮度

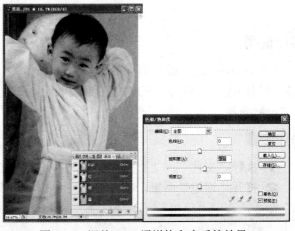

图 13-5　调整 RGB 通道饱和度后的效果

实训 2 夏天照片变秋天

最终效果

本实训的最终效果如图 13-6 所示。

图 13-6 "夏天照片变秋天"效果图

实训说明

在此实训中，应掌握"图像"菜单里各个命令的参数设置范围及技巧，并且灵活运用各个命令，这样才能把图片调整出合适的色彩。

操作步骤

1 打开素材文件"素材 12.jpg"，如图 13-7 所示。

2 选择"套索工具"，按住 Shift 键的同时，利用"套索工具"大致选出一些区域，如图 13-8 所示。执行"选择"→"修改"→"羽化"命令，弹出"羽化选区"对话框，将羽化半径设为 20。

3 执行"图像"→"调整"→"色相/饱和度"命令，弹出"色相/饱和度"对话框，参数设置如图 13-9 所示。

图 13-7 打开素材图片

图 13-8 制作选区

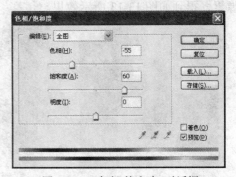

图 13-9 "色相/饱和度"对话框

4 根据画面的改变和效果重复进行"套索"、"羽化"、"色相/饱和度"命令的操作，在操作过程中不断地对"色相"值、"饱和度"值进行调整，最终达到最佳效果，展现出一张完美的秋季风景图，最终效果如图 13-6 所示。

实训 **3** 制作中国象棋

最终效果

本实训的最终效果如图 13-10 所示。

图 13-10 "制作中国象棋"效果图

实训说明

使用"滤镜"工具组用来制作象棋的纹理效果，使用"文字"工具制作象棋表面的汉字，通过"图层"面板来美化汉字效果。

操作步骤

1 执行"文件"→"新建"命令新建文件，尺寸为 400×400 像素，分辨率为 72ppi，颜色为 RGB 模式，背景色为白色。

2 将前景色设置为 RGB（177，127，75），背景色设置为 RGB（239，215，189），新建"图层 1"，执行"滤镜"→"渲染"→"云彩"命令，得到如图 13-11 所示效果。

3 执行"滤镜"→"杂色"→"添加杂色"命令，将"数量"设为 15%，选择"高斯分布"与"单色"。选择"矩形选框工具"绘制一个与文件相同高度的矩形选区，效果如图 13-12 所示。

4 按 Ctrl+T 键添加自由变换框，分别向左右两侧拖动控制框左侧和右侧中间的控制柄，拖至文件左、右两侧的边缘为止，确认操作后，按 Ctrl+D 键取消选区。

5 执行"滤镜"→"模糊"→"动感模糊"命令，将"角度"设为 0，"距离"设为 300 像素，得到如图 13-13 所示效果。

图 13-11 "图层"效果

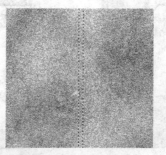
图 13-12 绘制选区

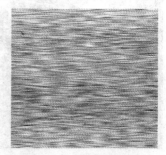
图 13-13 动感模糊效果

6 复制"图层 1"为"图层 1 副本",选择菜单栏中的"编辑"→"变换"→"水平翻转"命令,单击"添加图层蒙版"按钮为"图层 1 副本"添加图层蒙版。

7 选择工具箱中的"渐变工具",在其工具选项栏上设置渐变类型为"线性渐变",渐变颜色为"从黑色到白色"。选择"图层 1 副本"的图层蒙版,从蒙版的左侧至右侧绘制渐变,得到的效果如图 13-14 所示。

8 按住 Ctrl 键并单击"图层 1"和"图层 1 副本"将其选中,按 Ctrl+E 键执行"合并图层"操作,并将合并后的图层命名为"图层 1"。

9 执行"滤镜"→"模糊"→"高斯模糊"命令,设置模糊半径为 0.5。执行"滤镜"→"扭曲"→"极坐标"命令,选择"平面坐标到极坐标",得到的效果如图 13-15 所示。

10 新建"图层 2",选择"椭圆选框工具",按住 Shift 键绘制一个正圆选区,并将其移至文件的中心位置,如图 13-16 所示。

图 13-14 渐变效果

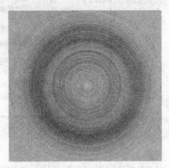

图 13-15 "极坐标"效果

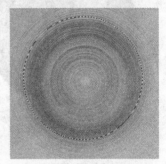

图 13-16 绘制正圆选区

11 执行"选择"→"反向"命令,选择"图层 1",将选区删除。单击"添加图层样式"按钮,在弹出的下拉列表中选择"内发光"命令,设置如图 13-17 所示,得到的效果如图 13-18 所示。

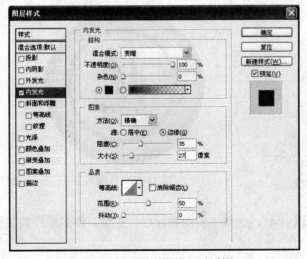

图 13-17 "图层样式"对话框

图 13-18 内发光效果

12 设置前景色为黑色,选择工具箱中的"横排文字工具",在选项栏中设置文字的字体为魏碑体,字号为 108 磅,在象棋中间输入文字,如图 13-19 所示。

13 按 Ctrl 键并单击"文字"图层建立文字选区，新建图层"图层 3"，再按 Alt+Delete 键将选区填充为黑色，取消选区。

14 选择"文字"图层，单击"添加图层样式"按钮，在弹出的下拉列表中选择"斜面和浮雕"命令，设置如图 13-20 所示，得到的效果如图 13-21 所示。

图 13-19　输入文字

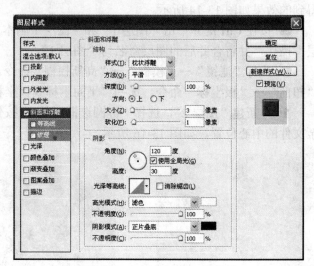

图 13-20　"图层样式"对话框

15 在所有图层上方新建图层"图层 4"，利用"椭圆选框工具"制作圆形选区，按 Alt+Delete 键将选区填充为黑色。

16 执行"选择"→"修改"→"收缩"命令，将收缩半径调为 9 像素，按 Delete 键删除选区中的图像，效果如图 13-22 所示。

图 13-21　"斜面和浮雕"效果

图 13-22　收缩效果

17 打开"图层"面板，单击"图层 4"，选择"斜面和浮雕"选项，得到最终效果如图 13-10 所示。

实训 4　油画效果

最终效果

本实训的最终效果如图 13-23 所示。

图 13-23 "油画"效果图

实训说明

在此实训中，需要使用"滤镜工具"组来制作油画效果，因此应灵活掌握"滤镜"的使用。

操作步骤

1 打开素材文件"素材 14.jpg"，如图 13-24 所示。打开"图层"面板，复制背景层，命名为"图层 1"。

2 执行"滤镜"→"艺术效果"→"干画笔"命令，将"画笔大小"设为 4，"画笔细节"设为 10，"纹理"设为 2，得到效果如图 13-25 所示。

3 执行"滤镜"→"画笔描边"→"喷色描边"命令，将"线条长度"设为 12，"喷色半径"设为 7，"描边方向"设为右对角线，得到效果如图 13-26 所示。

4 将"图层 1"的模式设为"叠加"，然后合并图层。

5 执行"滤镜"→"纹理"→"纹理化"命令，参数设置如图 13-27 所示。最终效果如图 13-23 所示。

图 13-24 打开素材图片

图 13-25 "干画笔"效果

图 13-26 "喷色描边"效果

图 13-27 "纹理化"参数设置

子项目 2 艺术特效设计

实训 5 绘制羽毛

最终效果

本实训的最终效果如图 13-28 所示。

图 13-28 "绘制羽毛"效果图

实训说明

在此实训中使用"钢笔工具"绘制羽毛形状，使用"画笔工具"绘制羽毛的绒毛效果。同时还应事先掌握路径与选区之间相互转换的方法，以及形状画笔的载入方法。

操作步骤

1 执行"文件"→"新建"命令新建文件，尺寸为 800×600 像素，分辨率为 72ppi，颜色模式为 RGB 颜色，背景色填充为黑色。

2 新建图层，命名为"羽毛"，用"钢笔工具"大概画出羽毛的图形，如图 13-29 所示。

3 返回"路径"面板，单击面板下方的"将路径做为选区载入"按钮，将工作路径转换为选区，并填充白色，如图 13-30 所示。

图 13-29 绘制羽毛

图 13-30 填充白色

4 新建图层"羽毛梗"，用"钢笔工具"画出羽毛梗，如图 13-31 所示。

5 将羽毛梗的工作路径转换为选区，并且填充成 50%的灰色。

6 用"钢笔工具"画出羽毛边缘的形状，如图 13-32 所示。

图 13-31 绘制羽毛梗

图 13-32 绘制羽毛边缘

7 按住 Ctrl 键并单击路径层缩览图使其载入选区，在"羽毛"图层上按 Ctrl+BackSpace 键填充背景色，作出羽毛缺陷效果，如图 13-33 所示。

8 隐藏背景图层及所有的图层，然后新建"图层 1"。用"缩放工具"将"图层 1"放到最大，用 1 像素的硬笔（铅笔）随便点几点，然后执行"编辑"→"定义画笔预设"命令，保存画笔。这个画笔将是以后画羽毛的工具。

9 删除"图层 1"，将上一步隐藏的背景图层及所有的图层重新显示出来。

10 返回"羽毛"图层，选择"涂抹工具"，模式为正常，强度在 70 到 80 之间，笔尖设置成刚才的自定义的画笔，直径为 5 到 7 之间，间距 25%，如图 13-34 所示。

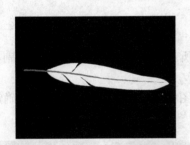

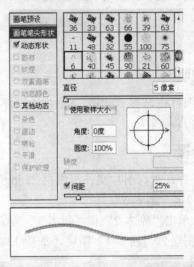

图 13-33　做出羽毛缺陷效果　　　　图 13-34　"画笔笔尖形状"参数设置

11 用"涂抹工具"涂抹羽毛的边缘，这里要按照羽毛的走向来涂，不仅可以从里向外涂，也可以从外向里涂，制造羽毛缺陷效果，如图 13-35 所示。

12 再次使用"涂抹工具"，把"自定义画笔"的直径调为 1 像素，"压强"调为 90，把羽毛的边缘修饰一下，涂出单独的毛出来，效果如图 13-36 所示。

图 13-35　涂抹羽毛　　　　　　　　图 13-36　再次涂抹羽毛

13 返回"羽毛梗"图层，用"加深工具"和"减淡工具"把羽毛梗涂出阴影来，体现立体感，最终效果如图 13-28 所示。

☞实训 6　水墨山水画

最终效果

本实训的最终效果如图 13-37 所示。

图 13-37 "水墨山水画"效果图

实训说明

本例旨在掌握"滤镜"的使用方法，通过"曲线"调整图片的明暗度，以及"图层"的使用技巧。

操作步骤

1 打开素材图片文件"素材 22.jpg"，如图 13-38 所示，将背景层分别复制为"副本 1"、"副本 2"、"副本 3"。

2 单击"副本 2"和"副本 3"图层的"可视性"图标，先将这两个图层隐藏，确定此时的工作图层为"副本 1"图层，如图 13-39 所示。

图 13-38 素材图片

图 13-39 选中"副本 1"为当前图层

3 执行"图像"→"调整"→"去色"命令，将"副本 1"图层去色。按 Ctrl+U 键打开"色相/饱和度"对话框，将"明度"设置为 45，如图 13-40 所示。

4 执行"滤镜"→"杂色"→"中间值"命令，在弹出的对话框中设置"半径"为 20。

5 执行"滤镜"→"艺术效果"→"水彩"命令，设置"画笔细节"为 5，"阴影强度"为 0，"纹理"为 3。

6 执行"滤镜"→"模糊"→"高斯模糊"命令，设置"半径"为 5，按 Ctrl+M 键打开"曲线"对话框，将画面的颜色调亮，如图 13-41 所示。

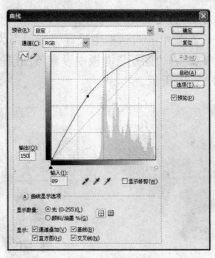

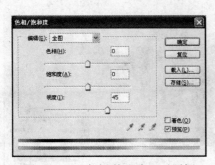

图 13-40 "色相/饱和度"对话框 　　　　图 13-41 "曲线"对话框

7 选中"副本 2"图层，按 Ctrl+U 键打开"色相/饱和度"对话框，设置"明度"为 40。执行"图像"→"调整"→"亮度/对比度"命令，设置"亮度"为 45，"对比度"为 80。将"副本 2"图层的混合模式设置为"正片叠底"，执行"滤镜"→"杂色"→"中间值"命令，在弹出的对话框中设置"半径"为 4，设置后的效果如图 13-42 所示。

8 执行"滤镜"→"艺术效果"→"水彩"命令，设置"画笔细节"为 14，"暗调强度"为 0，"纹理"为 1。

9 按 Ctrl+M 键打开"曲线"对话框，将画面颜色调亮，如图 13-43 所示。

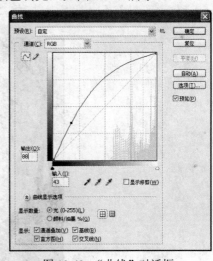

图 13-42 "副本 2"图层的调整效果 　　　　图 13-43 "曲线"对话框

10 选择"副本 3"图层，按 Ctrl+M 键打开"曲线"对话框，将画面的颜色调亮，如图 13-43 所示。在"图层"面板中将该图层的混合模式设置为"叠加"，单击工具栏中的"魔棒工具"按钮，在选项栏设置"容差"为 20。在图像绿色区域任意一处单击，执行"选择"→"选取相似"命令，打开"羽化"对话框，设置"羽化半径"为 3。

11 执行"滤镜"→"液化"命令，单击"向前变形工具"对选中的地方做液化处理，涂抹时只需在被选中的地方做向下拖动就可以产生笔墨流动的效果，如图 13-44 所示。

12 按 Ctrl+D 键取消选区，然后给该图层去色。选择"滤镜"→"杂色"→"中间值"命令，在弹出的对话框中设置"半径"为 1，单击"确定"按钮。

13 在"图层"面板中设置该图层的"不透明度"为 70%，此时产生了水墨山水的效果，如图 13-45 所示。

图 13-44 液化效果

图 13-45 水墨山水效果

14 拼合图层，最终效果如图 13-37 所示。

实训7 手绘秋天的图画

最终效果

本实训的最终效果如图 13-46 所示。

图 13-46 "手绘秋天的图画"效果图

实训说明

在此实训中使用"钢笔工具"绘制小山的轮廓，使用"画笔工具"添加树叶。完成本实训还应事先掌握路径绘制、路径调整工具以及"模糊工具"的使用方法和色彩调整的相关知识。

操作步骤

1 执行"文件"→"新建"命令新建文件，尺寸为 704×1000 像素，分辨率为 72ppi，颜色模式为 RGB 颜色，背景色为白色。

2 设置前景色为黄色，使用"渐变工具"，设置由前景到背景的线性渐变，填充如图 13-47 所示效果。

3 使用"钢笔工具"，绘制如图 13-48 所示山的轮廓。

4 将山的路径轮廓转换为选区，执行"选择"→"修改"→"羽化"命令，羽化半径设为 1。

5 使用"渐变工具"在选区内填充渐变，效果如图 13-49 所示。

图 13-47 "线性渐变"效果   图 13-48 绘制山的轮廓   图 13-49 渐变填充效果

6 同上面的步骤画出第二、第三座山，注意要根据山的远近利用"曲线工具"调整出不同的明暗度，如图 13-50 所示。

7 新建一个图层，用"钢笔工具"画出最近的一座山和山上的树的路径轮廓，然后将路径转换为选区，在选区内填充黑色，如图 13-51 所示。

8 新建一个图层，选择"椭圆选框工具"，在适当的位置按住 Shift 键拖动鼠标画出一个淡黄色的太阳，如图 13-52 所示。

图 13-50 画出另外两座山   图 13-51 在选区内进行黑色填充   图 13-52 画出太阳

9 按 Ctrl+J 复制图层，执行"滤镜"→"模糊"→"高斯模糊"命令，模糊半径设为 70。

10 选择"画笔工具"，调出"枫叶"画笔，画笔直径设为 100，画笔颜色设为 RGB（161，182，21），在树的周围单击鼠标左键即可绘制出树叶图案，最终效果如图 13-46 所示。

实训 8 香烟效果

最终效果

本实训的最终效果如图 13-53 所示。

图 13-53 "香烟"效果图

实训说明

完成此实训应事先掌握"简便编辑器"的使用方法，以及"滤镜"和"文字工具"的使用。

操作步骤

1 执行"文件"→"新建"命令新建文件，尺寸为 800×600 像素，分辨率为 72ppi，颜色模式为 RGB 颜色，背景色填充为黑色。

2 新建"图层 1"，选择"矩形选框工具"，拖出一个长条形状的矩形选区，如图 13-54 所示。

3 选择工具箱中的"渐变工具"，单击选项栏的"点按可编辑渐变"按钮，打开"渐变编辑器"窗口，设置参数如图 13-55 所示。

4 按住 Shift 键，在选区中由上至下拖曳鼠标，为选区填充渐变色，效果如图 13-56 所示。

 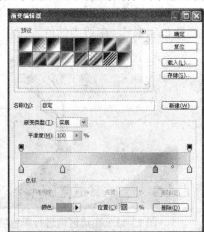 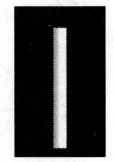

图 13-54 绘制矩形选区　　　图 13-55 "渐变编辑器"对话框　　　图 13-56 为选区填充渐变色

5 按 Ctrl+D 键取消选区，执行"滤镜"→"模糊"→"高斯模糊"命令，半径为 1 个像素，让香烟的层次更加丰富。

6 制作"过滤咀"。新建"图层 2"，将前景色设为橙色 RGB（211，138，33），背景色设为黄色 RGB（235，205，3）。执行"滤镜"→"渲染"→"云彩"命令，得到如图 13-57 所示效果。

图 13-57 "云彩"效果

7 按 Ctrl+T 键将该图层缩小至过滤咀大小并移动到合适位置，将

该图层的混合模式设置为"正片叠底"，得到如图 13-58 所示效果。

8 返回"图层 1"，选择"矩形选框工具"拖一个长方条选区，如图 13-59 所示。

9 对选区执行"图像"→"调整"→"亮度/对比度"命令，进行"亮度"和"对比度"的调节，得到如图 13-60 所示效果。

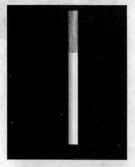
图 13-58　制作过滤咀

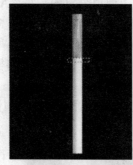
图 13-59　绘制选区

图 13-60　调整后的效果

10 用"横排文字工具"给香烟加上品牌，最终效果如图 13-53 所示。

子项目 3　文字特效设计

实训 9　印章字

最终效果

本实训的最终效果如图 13-61 所示。

图 13-61　"印章字"效果图

实训说明

在此实训中使用"横排文字工具"输入文字，"描边工具"描边框，"高斯模糊"滤镜、"扩散"滤镜和"添加杂色"滤镜制作印章效果。

操作步骤

1 执行"文件"→"新建"命令新建文件，尺寸为 400×400 像素，分辨率为 72ppi，颜色为灰度模式，背景色为黑色。

2 打开"通道"面板，新建"Alpha 1"通道，选择"横排文字工具"，设置"隶书，96

磅，红色"，在通道中输入"印章文字"，如图 13-62 所示。

3 使用"矩形选框工具"，按住 Shift 键，用鼠标拖出一个正方形选区，将通道中的文字框住。执行"编辑"→"描边"命令，将"宽度"设为 4 像素，其他采用默认值，效果如图 13-63 所示。

4 按住 Ctrl 键后单击"Alpha 1"通道缩览图，将"Alpha 1"通道载入选区，执行"滤镜"→"杂色"→"添加杂色"命令，将"数量"设为 200%，选择"高斯分布"，效果如图 13-64 所示。

图 13-62　输入文字

5 执行"滤镜"→"模糊"→"高斯模糊"命令，将模糊半径设为 0.3。

6 执行"图像"→"调整"→"阈值"命令，将"阈值半径"设为 128，效果如图 13-65 所示。

图 13-63　描边效果　　　　图 13-64　添加杂色效果　　　　图 13-65　执行"阈值"命令后的效果

7 按 Ctrl 键后单击"Alpha 1"通道缩览图，将"Alpha 1"通道载入选区，然后切换到"RGB"通道并将前景色设置成红色。

8 用前景色填充选区，然后按 Ctrl+D 键取消选区，得到最终效果如图 13-61 所示。

☞**实训 10　绿豆字**

最终效果

本实训的最终效果如图 13-66 所示。

图 13-66　"绿豆字"效果图

实训说明

在此实训中通过路径的描边和图层样式的设置来制作文字。完成此例，还应事先掌握"路径"面板的基本操作以及图层样式的设置方法。

操作步骤

1 执行"文件"→"新建"命令新建文件，尺寸为 400×300 像素，分辨率为 72ppi，颜色为 RGB 模式，背景色为白色。

2 选择"渐变工具"，将背景填充为如图 13-67 所示的黑白渐变。

3 新建"图层 1"，选择"横排文字工具"，输入"绿豆字"3 个字，如图 13-68 所示。

图 13-67　进行黑白渐变填充　　　　　　　　　　图 13-68　输入文字

4 按住 Ctrl 键的同时单击"图层 1"缩览图，载入选区，得到文字选区。

5 打开"路径"面板，单击"将选区生成工作路径"按钮将选区转换为路径，然后删除"图层 1"，得到文字路径，如图 13-69 所示。

6 选择"画笔工具"，单击"切换画笔面板"按钮，打开"画笔"面板，选择大小适当的笔触，设置如图 13-70 所示。

7 将前景色设置为类似绿豆的颜色 RGB（30，59，1），单击"路径"面板下方的"用画笔描边路经"按钮为路径描边，描边以后隐藏路径，效果如图 13-71 所示。

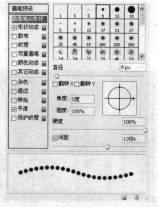

图 13-69　制作文字路径　　　　图 13-70　设置画笔笔尖形状参数　　　　图 13-71　描边效果

8 打开"图层样式"对话框，选择"斜面与浮雕"样式，在"样式"选项中选择"内斜面"，适当增加深度，减小模糊，然后再选择"投影"样式，得到最终效果如图 13-66 所示。

☞实训 **11**　水泡字

最终效果

本实训的最终效果如图 13-72 所示。

图 13-72 "水泡字"效果图

实训说明

完成此实训，应事先熟悉"文字工具"、"球面化"滤镜以及"镜头光晕"滤镜的应用。

操作步骤

1 打开素材图像文件"素材 33.jpg"，如图 13-73 所示。

2 选择"横排文字工具"，在选项栏中设置"华文彩云"字体，设置字号为 60，选择与素材不同的颜色，如浅蓝色。

3 在"图层"面板中建立"水"、"泡"、"字" 3 个文字图层，按住 Ctrl+T 键，进入自由变换状态，对文字的大小和方向进行调整，效果如图 13-74 所示。

4 新建"图层 1"，选择"椭圆选框工具"，按住 Shift 键的同时拖动鼠标创建一个圆形选区，将"图层 1"移动到文字图层"水"的下方，然后将选区移动到"水"字周围。

5 设置前景色为青色 RGB（0，255，255），并在圆形选区内填充前景色。将"图层 1"的"不透明度"设为 25%，再将文字图层"水"与"图层 1"进行合并，得到如图 13-75 所示的水泡效果。

图 13-73 素材图像

图 13-74 调整文字大小和方向

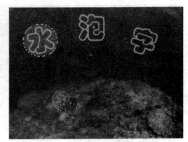

图 13-75 制作水泡效果

6 在其他文字图层的下方各建立一个新图层，利用步骤 4 和步骤 5 的方法给"泡"、"字"两个字添加水泡效果，如图 13-76 所示。

7 在"图层"面板中单击"水"字所在的图层，选中"水"字所在的圆形选区，执行"滤镜"→"扭曲"→"球面化"命令，将"模式"设为"正常"，"数量"设为 100。

8 对其他两个文字所在的图层进行同样的设置，得到如图 13-77 所示效果。

9 执行"图层"→"拼合图层"命令，将所有文字所在的图层与背景层合并在一起。

10 执行"滤镜"→"渲染"→"镜头光晕"命令，将"亮度"设为 56%，"镜头类型"设为"105mm 聚焦"，将光照点放在"水"字的左上方。

11 对剩余的文字进行同样的"镜头光晕"效果处理，得到最终效果如图 13-78 所示。

 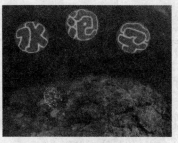 

图 13-76 完成水泡效果制作   图 13-77 "球面化"滤镜效果   图 13-78 "镜头光晕"滤镜效果

实训 **12** 冰雪字

最终效果

本实训的最终效果如图 13-79 所示。

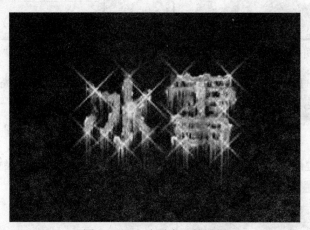

图 13-79 "冰雪字"效果图

实训说明

在此实训中，使用"文字工具"输入文字，使用"滤镜工具"组为文字添加冰雪效果。完成此实训，还应掌握将文字载入选区、将选区反选的方法。

操作步骤

1 执行"文件"→"新建"命令新建文件，尺寸为 400×300 像素，分辨率为 72ppi，颜色为 RGB 颜色，背景色为白色。

2 使用"横排文字工具"，设置"黑体，80 磅，黑色"，在画面中输入"冰雪"两个字，如图 13-80 所示。

3 按住 Ctrl 键，单击"图层"面板中文字图层的突出缩略图，载入文字选区，得到的选区如图 13-81 所示。

图 13-80　输入文字　　　　　　　　　图 13-81　创建文字选区

4 按 Ctrl+E 键对图层进行向下拼合，将文字图层和背景图层合并成一个图层，然后按 Shift+Ctrl+I 键进行反选，反选后得到的选区如图 13-82 所示。

5 执行"滤镜"→"像素化"→"晶格化"命令，弹出"晶格化"对话框，其中参数设置如图 13-83 所示。

图 13-82　反选后的选区　　　　　　　图 13-83　"晶格化"对话框

6 按 Shift+Ctrl+I 键再次进行反选，执行"滤镜"→"模糊"→"高斯模糊"命令，弹出"高斯模糊"对话框，将模糊半径设为 4.5。

7 执行"图像"→"调整"→"曲线"命令，弹出"曲线"对话框，参数设置如图 13-84 所示。

8 按 Ctrl＋D 键删除选区，按 Ctrl+I 键将图像进行反相显示，效果如图 13-85 所示。

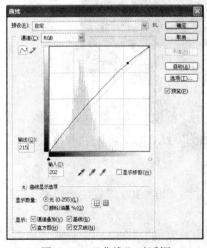

图 13-84　"曲线"对话框　　　　　　　图 13-85　反相效果

9 执行"图像"→"旋转画布"→"90 度（顺时针）"命令旋转画布。然后执行"滤镜"→"风格化"→"风"命令，弹出"风"对话框，参数设置如图 13-86 所示。

10 单击"确定"按钮，执行"图像"→"旋转画布"→"90 度（逆时针）"命令，将画布旋转回到原来的状态，得到风吹效果。

11 执行"图像"→"调整"→"色相/饱和度"命令，弹出"色相/饱和度"对话框，编辑全图，将色相设为 89，饱和度设为 30，明度设为 8，单击"确定"按钮。

12 执行"选择"→"色彩范围"命令，弹出"色彩范围"对话框，将色彩容差设为 120，单击"确定"按钮。

13 按 Shift+Ctrl+I 键反选，执行"滤镜"→"艺术效果"→"塑料包装"命令，弹出"塑料包装"对话框，将高光强度设为 13，细节设为 13，平滑度设为 5，单击"确定"按钮。

14 按 Ctrl＋D 键取消选区。

15 单击工具箱中的"画笔工具"按钮，打开"画笔"面板，设置类型为"混合"画笔，选择如图 13-87 所示的画笔，在画面的不同位置单击鼠标，改变画笔的直径值，再单击几次，最终效果如图 13-79 所示。

图 13-86 "风"对话框

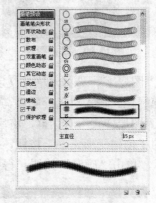

图 13-87 选择画笔

子项目 4 广告设计

实训 13 温馨家园广告

最终效果

本实训的最终效果如图 13-88 所示。

图 13-88 "温馨家园广告"效果图

实训说明

在本实训中，使用"文字工具"为广告输入广告语，使用"文字变形"按钮给文字添加效果，还运用了前面"水泡字"的制作方法。

操作步骤

1 打开素材图片文件"素材 411.jpg"，如图 13-89 所示。

2 执行"图像"→"调整"→"色相/饱和度"命令，将"色相"设为 16，"饱和度"设为 4，"明度"设为 5，效果如图 13-90 所示。

图 13-89 素材图片

图 13-90 调整色相、饱和度后的效果

3 新建"图层 1"，选择"横排文字工具"，在选项栏上设置字体为"华文中宋"，字号为 60，颜色为深绿色，输入"抛弃嘈杂与拥挤"。

4 打开"图层样式"对话框，将字体效果设为"投影"、"内阴影"和"光泽"效果。单击选项栏上的"创建变形文字"按钮，打开"变形文字"对话框，将样式设置为"旗帜"，如图 13-91 所示，单击"确定"按钮，得到如图 13-92 所示的效果。

图 13-91 "变形文字"对话框

图 13-92 变形后的效果

5 新建"图层 2"，选择"横排文字工具"，输入"细品宁静与翠绿"，按照步骤 4 进行同样的设置，得到如图 13-93 所示的效果。

6 新建"图层 3"，选择"矩形选框工具"，在图层中拖出一个矩形选区，设置前景色为 RGB（16，73，10），填充前景色，效果如图 13-94 所示。

图 13-93 下排文字变形效果

图 13-94 填充前景色效果

7 打开素材图片文件"素材 412.jpg",如图 13-95 所示。

8 使用"魔棒工具"单击背景白色,然后执行"选择"→"反向"命令,将图 13-95 中的图像选中,使用"移动工具"将图像移到房地产广告图像上,得到"图层 4",效果如图 13-96 所示。

图 13-95　打开的素材文件

图 13-96　新建图层 4 后的效果

9 新建"图层 5",选择"横排文字工具",输入"建筑与自然共呼吸"。

10 按照制作水泡字的方法将刚输入的 8 个文字制作出水泡字的效果,最终效果如图 13-88 所示。

☞ **实训 14　环保广告**

最终效果

本实训的最终效果如图 13-97 所示。

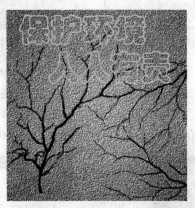

图 13-97　"环保广告"效果图

实训说明

完成此实训,应事先掌握"滤镜"和"横排文字工具"的使用,另外还应灵活掌握通道的使用。

操作步骤

1 执行"文件"→"新建"命令新建文件,尺寸为 800×800 像素,分辨率为 72ppi,颜色模式为 RGB 颜色,背景色为白色。

2 新建"图层 1",设置前景色为 RGB(219,198,137),背景色为 RGB(180,161,109),执行"滤镜"→"渲染"→"云彩"命令,效果如图 13-98 所示。

3 执行"滤镜"→"杂色"→"添加杂色"命令，在弹出的对话框中将数量设为 18%，选择"平均分配"与"单色"框，得到的效果如图 13-99 所示。

图 13-98 "云彩"滤镜效果

图 13-99 "添加杂色"滤镜效果

4 执行"滤镜"→"渲染"→"光照效果"命令，在"光照效果"对话框中按照图 13-100 所示进行参数设置，得到图 13-101 所示效果。

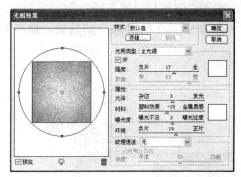
图 13-100 "光照效果"对话框

图 13-101 "光照效果"滤镜效果

5 切换至"通道"面板，新建一个通道"Alpha 1"，执行"滤镜"→"杂色"→"添加杂色"命令，在弹出的对话框中将"数量"设为 10%，选择"高斯分布"，效果如图 13-102 所示。

6 执行"滤镜"→"模糊"→"高斯模糊"命令，将"半径"设为 0.8 像素。

7 按 Ctrl+L 键打开"色阶"对话框，参数设置如图 13-103 所示。

图 13-102 "添加杂色"滤镜效果

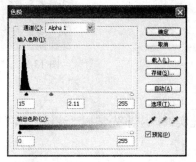
图 13-103 "色阶"对话框

8 返回"图层"面板，复制"图层 1"得到"图层 1 副本"，执行"滤镜"→"渲染"→"光照效果"命令，打开"光照效果"对话框，参数设置如图 13-104 所示，效果如图 13-105 所示。

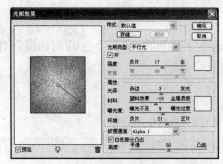

图 13-104　"光照效果"对话框　　　　　　　　图 13-105　光照效果

9 打开素材图片文件"素材 42.jpg",如图 13-106 所示,将其拖曳到文件中,得到"图层 2",按 Ctrl+T 键调出自由变换框,调整大小,并将图层模式设为"变暗",得到如图 13-107 所示效果。

10 将"图层 2"作为当前图层,按 Ctrl+J 键复制图层,得到"图层 2 副本",按 Ctrl+T 键调出自由变换框,对图像大小做出调整,效果如图 13-108 所示。将"图层 2"及"图层 2 副本"图层的混合模式设为"正片叠底"。

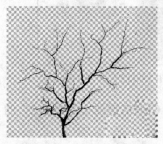

图 13-106　打开的素材文件　　　图 13-107　自由变换效果　　　图 13-108　"图层 2 副本"
　　　　　　　　　　　　　　　　　　　　　　　　　　　　　　　　　调整后效果

11 使用"横排文字工具",选择"华文彩云"字体,颜色为亮黄色,输入"保护环境人人有责"并调整大小,最终效果如图 13-97 所示。

实训 15 化妆品广告

最终效果

本实训的最终效果如图 13-109 所示。

图 13-109　"化妆品广告"效果图

实训说明

完成此实训应事先掌握"移动工具"、"磁性套索工具"的应用,"色相/饱和度"对话框的设置以及"抽出滤镜"的应用。

操作步骤

1 打开一幅素材图片文件"素材 431.jpg",如图 13-110 所示。

2 执行"文件"→"新建"命令新建文件,尺寸为 400×400 像素,分辨率为 72ppi,颜色模式为 RGB 颜色,背景色填充为白色。

3 选择"魔棒工具",选中素材图片中打开的口红部分,效果如图 13-111 所示。

4 使用"移动工具"将选区移动到新建的图层 1 中,效果如图 13-112 所示。

图 13-110　素材图片

图 13-111　建立选区

图 13-112　图层 1 效果

5 按 Ctrl+J 键复制"图层 1",将新图层命名为"图层 2",按 Ctrl+T 键改变"图层 2"的大小并调整到适当的位置,效果如图 13-113 所示。

6 使用"磁性套索工具"将"图层 2"中的口红管选中,按 Ctrl+U 键打开"色相/饱和度"对话框,将"色相"设为-9,"饱和度"设为 10,"明度"设为-11,效果如图 13-114 所示。

7 使用"磁性套索工具"将"图层 2"中的口红膏体部分选中,按 Ctrl+U 键打开"色相/饱和度"对话框,将"色相"设为-23,"饱和度"设为 7,"明度"设为 0,得到如图 13-115 所示效果。

图 13-113　图层 2 效果

图 13-114　调整口红管的
色相、饱和度

图 13-115　调整口红膏体的
色相、饱和度

8 用同样的方法制作出其他 3 支口红,并调整图层顺序,效果如图 13-116 所示。

9 将 5 支口红所在的图层链接起来,然后执行"合并链接图层"命令。

10 新建一个图层，在图层内填充渐变颜色，然后选择混合类型的"画笔工具"在口红上添加闪光点，得到如图 13-117 所示效果。

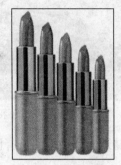

图 13-116　完成口红制作

图 13-117　口红添加闪光点效果

11 打开一幅素材图片"素材 432.jpg"，将图片上的模特移动到口红所在图片中，调整好位置和大小，最终效果如图 13-109 所示。

☞**实训 16　汽车广告**

最终效果

本实训的最终效果如图 13-118 所示。

图 13-118　"汽车广告"效果图

实训说明

完成此实训，应事先掌握"磁性套索工具"、"渐变工具"的应用。

操作步骤

1 打开素材图片文件"素材 44.jpg"，如图 13-119 所示。

2 选择"磁性套索工具"，对汽车的轮廓进行选取，如图 13-120 所示。选取之后按 Ctrl+C 键将选区复制到剪贴板中。

3 按 Ctrl+D 键取消选区，执行"滤镜"→"模糊"→"动感模糊"命令，将"角度"设为 16 度，"距离"设为 100 像素。

图 13-119　素材图片　　　　　　　　　　　图 13-120　选取汽车轮廓

4 按 Ctrl+A 键选取整个图片，执行"选择"→"存储选区"命令将选择区域存储为一个新的通道，如图 13-121 所示。

5 设置前景色白色，背景色黑色，选择"渐变工具"，单击"点按可编辑渐变"按钮，打开"渐变编辑器"对话框，单击预设栏中"前景到背景"按钮，制作一个由白到黑的渐变，如图 13-122 所示。

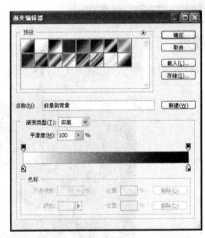

图 13-121　"存储选区"对话框　　　　　　　图 13-122　"渐变编辑器"对话框

6 打开"通道"面板，在新建的通道中，用"线性渐变工具"顺着汽车行驶的角度从左到右拉出一个渐变。

7 按 Ctrl+～键返回 RGB 通道，然后在新建通道上按住鼠标左键不放将其拖曳至通道面板下的"将通道作为选区载入"按钮上。

8 执行"编辑"→"贴入"命令，将剪贴板中的汽车粘贴到图片中，并移动至合适位置。

9 在图片的适当位置添加文字"奔驰的汽车"，最终效果如图 13-118 所示。

子项目 5　包装海报招贴设计

☞实训 **17**　糕点包装

最终效果

本实训的最终效果如图 13-123 所示。

图 13-123   "糕点包装"效果图

实训说明

在本实训中，使用"钢笔工具"画出包装盒轮廓，同时还应用了"移动工具"、"渐变工具"、"自由变换"命令。

操作步骤

1 执行"文件"→"新建"命令新建文件，尺寸为 400×300 像素，分辨率为 72ppi，颜色为 RGB 模式，背景色为白色。

2 新建"图层 1"，按 Ctrl＋A 键将图层全选，将前景色设置为蓝灰色，背景色设置为白色，单击"渐变工具"按钮，选择"线性渐变"，在画面中由上至下填充渐变色。

3 新建"图层 2"，打开素材图片文件"素材 51.jpg"，如图 13-124 所示。

4 使用"移动工具"将素材图片移动到"图层 2"中。

5 执行"编辑"→"变换"→"扭曲"命令，将移动的图片添加扭曲变形框，并将其调整至如图 13-125 所示的形状。

图 13-124   素材图片   图 13-125   调整图层 2 的形状

6 使用"钢笔工具"，绘制出如图 13-126 所示的钢笔路径。

7 选择工具箱中的"转换点工具"，调整路径，如图 13-127 所示。

图 13-126   绘制路径   图 13-127   调整路径

8 打开"路径"面板，单击"路径转换为选区"按钮，得到如图 13-128 所示选区。

9 按 Ctrl＋Shift＋I 键，将选区反选，并将反选的部分删除，效果如图 13-129 所示。

图 13-128　将路径转换为选区　　　　　图 13-129　将反选的部分删除

10 按 Ctrl＋D 键取消选区，新建"图层 3"，并将其放置到"图层 2"的下方。选择"钢笔工具"，在"图层 3"中绘制钢笔路径，然后将路径转换为选区，并将工具箱中的前景色设置为黄灰色（C8，M7，Y12，K0），为选区填充颜色，效果如图 13-130 所示。

11 将工具箱中的前景色设置为深灰色（C50，M40，Y40，K10），选择"渐变工具"，在弹出的"渐变编辑器"对话框中，单击预设栏中的"前景色到透明"按钮，在"图层 3"的选区中由左向右填充线性渐变。

12 新建"图层 4"，使用"钢笔工具"在"图层 4"中绘制路径并将其转换为选区，设置前景色为土黄色（C45，M40，Y50，K0），背景色为深灰色（C60，M50，Y50，K20），选择"渐变工具"，由左至右为选区填充渐变色。

13 新建"图层 5"，在"图层 5"中绘制如图 13-131 所示路径，再将路径转换为选区。

图 13-130　为选区填充颜色　　　　　图 13-131　在图层 5 中绘制路径

14 将工具箱中的前景色设置为深褐色，为选区填充颜色，效果如图 13-132 所示。

15 单击工具箱中的"钢笔工具"，在画面中绘制如图 13-133 所示的路径，将路径转换为选区，然后填充深褐色，最终效果如图 13-123 所示。

图 13-132　为选区填充颜色　　　　　图 13-133　绘制路径

实训 **18** 茶叶包装

最终效果

本实训的最终效果如图 13-134 所示。

图 13-134 "茶叶包装"效果图

实训说明

本实训中，使用"渐变工具"为包装添加背景，使用"水波"滤镜添加波纹效果，最后使用"文字工具"为包装添加文字。

操作步骤

1 执行"文件"→"新建"命令新建文件，尺寸为 400×800 像素，分辨率为 72ppi，颜色为 RGB 模式，背景色为白色。

2 选择"渐变工具"，打开"渐变编辑器"，做出如图 13-135 所示渐变。

3 复制背景层，执行"滤镜"→"扭曲"→"水波"命令，将"数量"设为 100，"起伏"设为 20，"样式"设为"水池波纹"，效果如图 13-136 所示。

4 选择"矩形选框工具"，拖出如图 13-137 所示的矩形选区。

5 执行"编辑"→"描边"命令，将"宽度"设为 6 像素并设置合适的描边颜色，得到如图 13-138 所示效果。

图 13-135 渐变效果　　图 13-136 水池波纹效果　　图 13-137 绘制矩形选区　　图 13-138 描边效果

6 选择"直排文字工具"，设置字体为楷体，字号为 100，输入文字"碧潭飘雪"，并调整位置，打开"图层样式"对话框，将文字图层设置为"投影"和"光泽"效果，效果如图 13-139 所示。

7 新建"图层 1"，使用"矩形选框工具"，在图层上方拖出一个矩形选区并填充深绿色，再次使用"矩形选框工具"在其下方拖出一个矩形选区并填充黄色，效果如图 13-140 所示。

8 按 Ctrl+J 键复制"图层 1"得到"图层 1 副本"，执行"编辑"→"变换"→"旋转 180 度"命令，使用"移动工具"将图形移动到合适的位置，效果如图 13-141 所示。

图 13-139 投影和光泽效果

图 13-140 填充后的效果

图 13-141 图层 1 副本效果

9 打开素材图片文件"素材 522.jpg"，如图 13-142 所示。

10 使用"魔棒工具"将图片轮廓选中，然后使用"移动工具"将图片移动到茶叶包装图像中，得到"图层 2"。

11 按 Ctrl+T 键，改变茶壶的位置和大小，效果如图 13-143 所示。

图 13-142 素材图片

图 13-143 放置茶壶到合适的位置

12 再打开一幅素材图片文件"素材 521.jpg"，如图 13-144 所示，按照步骤 10、步骤 11 的方法进行操作，得到如图 13-145 所示效果。

图 13-144 茶杯素材

图 13-145 放置茶杯到合适的位置

13 使用"横排文字工具",设置字体为楷体,字号为 30,颜色黑色,在图像内输入文字"四川省四海茶叶有限公司",如图 13-146 所示。

14 新建"路径 1",选择"自定义形状工具",在"形状"图像内选择合适的图像,在"路径 1"中拖出选择的形状,将前景色设为绿色,单击"用前景色填充路径 "按钮,然后隐藏路径,效果如图 13-147 所示。

图 13-146 输入文字   图 13-147 填充后的效果

15 将形状复制 3 次并移动到其他 3 个角的位置,最终效果如图 13-134 所示。

实训 **19** 婚纱摄影

最终效果

本实训的最终效果如图 13-148 所示。

图 13-148 "婚纱摄影"效果图

实训说明

此实训中主要练习"描边工具"、"移动工具"、"羽化"命令和"磁性套索工具"的应用,另外还应熟悉"描边"命令和"椭圆选框工具"的应用。

操作步骤

1 打开素材图片"素材 531.jpg",新建"图层 1",选择"矩形选框工具",在背景图片顶部绘制 1024×45px 的矩形选区，填充黑色并取消选区。按 Alt 键，拖动黑色方块至背景图片底部，合并"图层 1"及"图层 1 副本"，效果如图 13-149 所示。

2 打开素材图片"素材 532.jpg"，选择"套索工具"并设置羽化值为 30，将图片中人物大致框出如图 13-150 所示的选区。

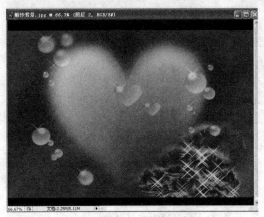

图 13-149　背景处理效果

图 13-150　制作选区

3 选择"移动工具"，将选区内容移至背景图片中，得到"图层 2"，将"图层 2"置于"图层 1"下方。效果如图 13-151 所示。

4 打开素材图片"素材 533.jpg"，双击"背景层"的"锁定"按钮，得到"图层 0"。新建"图层 1"并填充白色，将该图层置于"图层 0"之下。

5 按下 Ctrl 键，单击"图层 0"的缩览图，得到整个图片的选区，执行"选择"→"修改"→"收缩"命令，设置"收缩量"为 20，单击"确定"按钮。

6 执行"选择"→"反向"命令，按 Delete 键删除选区内容，使图片获得白色边框。按 Ctrl+D 取消选区。将"图层 0"和"图层 1"合并。

7 将处理好的图片移至背景图片中，得到"图层 3"，按 Ctrl+T 键，调整图片大小和位置，效果如图 13-152 所示。

图 13-151　将选区内容移至背景中

图 13-152　将处理过的图片移至背景中

8 分别打开素材图片"素材 534.jpg"和"素材 535.jpg"，依照步骤 4～步骤 7 的方法将该两张图片移至背景图片中，效果如图 13-153 所示。

9 选择"横排文字工具",在选项栏中设置"华文彩云"、150 点、黄色,输入"执子之手",按 Ctrl+T 键,调整文字大小和位置。

10 双击文字图层,设置"图层样式"中的"斜面与浮雕"、"外发光"和"投影",参数为默认值,合并图层并保存为"婚纱摄影.jpg"。最终效果如图 13-154 所示。

图 13-153 将另外两张图片移至背景中   图 13-154 最终效果

实训 20 电影海报

最终效果

本实训的最终效果如图 13-155 所示。

图 13-155 "电影海报"效果图

实训说明

此实训中,用"滤镜工具"组制作烟雾效果,用"渐变编辑器"编辑烟雾的颜色,通过"图层样式"为电影名称添加效果。

操作步骤

1 执行"文件"→"新建"命令新建文件,尺寸为 400×400 像素,分辨率为 72ppi,颜色为 RGB 模式,背景色为白色。

2 按 D 键将前景色和背景色恢复为默认的黑白设置，执行"滤镜"→"渲染"→"云彩"命令，效果如图 13-156 所示。

3 执行"滤镜"→"渲染"→"分层云彩"命令，效果如图 13-157 所示。

图 13-156 "云彩"滤镜效果

图 13-157 "分层云彩"滤镜效果

4 复制背景层为"背景副本"，并设置其混合模式为"颜色减淡"，"不透明度"为 80%，效果如图 13-158 所示。

5 选择"背景"图层，按 Ctrl+F 键多次，直到得到如图 13-159 所示效果为止。

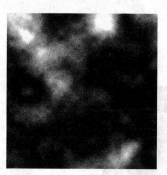
图 13-158 "背景副本"效果

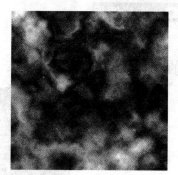
图 13-159 重复执行"分层云彩"滤镜效果

6 单击"图层"面板中的"创建新的填充或调整图层"按钮，在弹出的下拉列表中选择"渐变"命令，弹出"渐变填充"对话框，参数设置如图 13-160 所示。

7 单击"图层"面板中的"创建新的填充或调整图层"按钮，在弹出的下拉列表中选择"亮度/对比度"命令，弹出"亮度/对比度"对话框，参数设置如图 13-161 所示，效果如图 13-162 所示。

图 13-160 "渐变填充"对话框

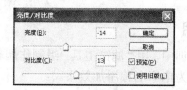
图 13-161 "亮度/对比度"对话框

8 单击"图层"面板中的"创建新的填充或调整图层"按钮，在弹出的下拉列表中选择"渐变映射"命令，弹出"渐变映射"对话框，如图 13-163 所示。

图 13-162　调整亮度/对比度效果

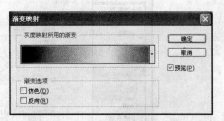

图 13-163　"渐变映射"对话框

9 单击"渐变类型"选择框，打开"渐变编辑器"对话框，如图 13-164 所示，4 种颜色分别为黑色（000000）、FF6C00、FFDE00、FF2A00，得到效果如图 13-165 所示。

图 13-164　"渐变编辑器"对话框

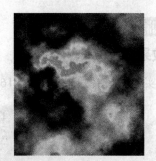

图 13-165　编辑渐变后的效果

10 打开素材图片文件"素材 54.jpg"，如图 13-166 所示。

11 选择工具箱中的"多边形套索工具"，将"羽化"设置为 1 像素，选取人物并将人物拖至文件的第二层，调整合适的大小，效果如图 13-167 所示。

图 13-166　素材图片

图 13-167　羽化后的效果

12 选择"横排文字工具"在海报上添加"烈火雄心"4 个字，双击"文字"图层为文字添加图层样式，设置如图 13-168 所示，然后分别选择"斜面和浮雕"和"渐变叠加"选项，最终效果如图 13-155 所示。

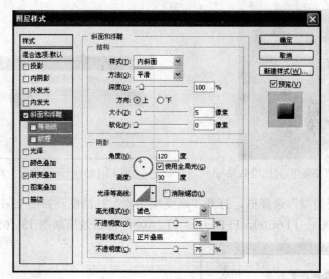

图 13-168　设置图层样式

☞**实训 21　优惠卡**

最终效果

本实训的最终效果如图 13-169 所示。

图 13-169　"优惠卡"效果图

实训说明

完成此实训，应事先熟悉"横排文字工具"、"移动工具"以及"图层样式"的应用。

操作步骤

1 执行"文件"→"新建"命令新建文件，尺寸为 400×200 像素，分辨率为 72ppi，颜色为 RGB 模式，背景色为白色。

2 新建"图层 1"，按 Ctrl+A 键将"图层 1"全选，将前景色设为浅黄色，用前景色填充"图层 1"。

3 执行"滤镜"→"杂色"→"添加杂色"命令，将"数量"设为 4.93，并且"平均分布"，得到如图 13-170 所示效果。

4 选择"横排文字"工具，在画面上输入橘红色的"BK"两个字母，并调整好位置，然后输入"别克乒乓球俱乐部"以及它们的拼音，调整好文字的大小及位置，如图 13-171 所示。

图 13-170 "添加杂色"滤镜效果

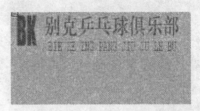

图 13-171 输入并调整文字

5 选中"文字"图层，执行"图层"→"栅格化"→"文字"命令，将文字图层转化为普通图层。

6 执行"图层"→"图层样式"→"斜面和浮雕"命令，在弹出的"斜面和浮雕"对话框中进行如图 13-172 所示的设置，效果如图 13-173 所示。

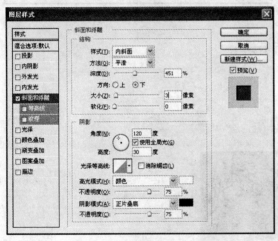

图 13-172 设置图层样式

图 13-173 设置图层样式后的效果

7 将前景色设为红色，新建一个空白图层，在图层内输入"优惠卡"3 个字（本例采用的字体是"华文彩云"），效果如图 13-174 所示。

8 将文字图层转换为普通图层，然后将图层样式设为"内发光"与"斜面和浮雕"。

9 打开素材卡通图片文件"素材 55.jpg"，如图 13-175 所示。

图 13-174 输入文字

图 13-175 卡通图片素材

10 使用"魔棒工具"单击白色背景，执行"选择"→"反向"命令，将卡通人物的轮廓选中，然后选择"移动工具"将卡通人物移动到优惠卡上，并且调整好大小和位置，如图 13-176 所示。

11 返回"图层 1"，对优惠卡背景进行设置，打开"图层样式"对话框，在对话框中的设置如图 13-177 所示。

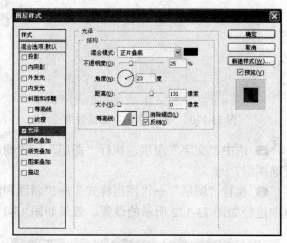

图 13-176　添加卡通画后的效果

图 13-177　设置图层样式

12 合并图层，最终效果如图 13-169 所示。

实训 **22**　杂志封面

最终效果

本实训的最终效果如图 13-178 所示。

图 13-178　"杂志封面"效果图

实训说明

本实训中使用"直排文字工具"输入背景文字，使用"滤镜工具"组为文字添加特殊效果，使用"移动工具"将素材移动到背景上进行图片合成。

操作步骤

1 执行"文件"→"新建"命令新建文件，尺寸为 600×800 像素，分辨率为 72ppi，颜色为 RGB 模式，背景色为白色。

2 新建图层"图层 1"，用"直排文字工具"输入一串由 0 和 1 组成的文字代码，并且复制成大小不同的几列，效果如图 13-179 所示。

3 执行"滤镜"→"纹理"→"颗粒"命令，将"强度"设为 100，"对比度"设为 100，颗粒类型选择"垂直"，效果如图 13-180 所示。

图 13-179 输入数字　　　　　　　　　　图 13-180 "颗粒"滤镜效果

4 将前景色设为 RGB（100，255，0），背景色设为黑色。

5 执行"滤镜"→"艺术效果"→"霓虹灯光"命令，将"发光大小"设为 10，"发光亮度"设为 15，得到如图 13-181 所示效果。

6 执行"图像"→"调整"→"亮度/对比度"命令，将"亮度"设为-10，"对比度"设为 31，合并可见图层，得到如图 13-182 所示背景效果。

 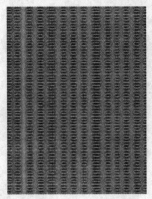

图 13-181 "霓虹灯光"滤镜效果　　　　图 13-182 合并可见层效果

7 打开素材图片文件"素材 56.jpg"，如图 13-183 所示，使用"磁性套索工具"勾勒好选区，用"移动工具"将图像移动到背景层上，效果如图 13-184 所示。

图 13-183 素材图片　　　　　　　图 13-184 将图像移到背景层效果

8 新建一个图层，选择"横排文字工具"，在图层内输入"科技之光"4 个字，效果如图 13-185 所示。

9 单击"创建变形文本"按钮，打开"变形文字"对话框，选择"拱形"样式，将"弯曲"设为 50，"水平扭曲"设为 0，"垂直扭曲"设为 0，得到如图 13-186 所示效果。

图 13-185　输入文字

图 13-186　变形文字效果

10 打开文字图层的"图层样式"对话框，选择"斜面和浮雕"样式，最终效果如图 13-178 所示。

读者回函卡

亲爱的读者：

　　感谢您对海洋智慧IT图书出版工程的支持！为了今后能为您及时提供更实用、更精美、更优秀的计算机图书，请您抽出宝贵时间填写这份读者回函卡，然后剪下并邮寄或传真给我们，届时您将享有以下优惠待遇：

- 成为"读者俱乐部"会员，我们将赠送您会员卡，享有购书优惠折扣。
- 不定期抽取幸运读者参加我社举办的技术座谈研讨会。
- 意见中肯的热心读者能及时收到我社最新的免费图书资讯和赠送的图书。

姓　名：＿＿＿＿＿＿＿＿　　性　别：□男 □女　　年　龄：＿＿＿＿＿＿

职　业：＿＿＿＿＿＿＿＿＿＿　　爱　好：＿＿＿＿＿＿＿＿＿＿＿＿

联络电话：＿＿＿＿＿＿＿＿＿　　电子邮件：＿＿＿＿＿＿＿＿＿＿

通讯地址：＿＿＿＿＿＿＿＿＿＿＿＿＿＿　　邮编：＿＿＿＿＿＿

1 您所购买的图书名：＿＿＿＿＿＿＿＿＿＿＿＿＿　购买地点：＿＿＿＿＿

2 您现在对本书所介绍的软件的运用程度是在：□ 初学阶段　□ 进阶／专业

3 本书吸引您的地方是：□ 封面　□ 内容易读　□ 作者　□ 价格　□ 印刷精美

　　　□ 内容实用　□ 配套光盘内容　　其他 ＿＿＿＿＿＿＿＿＿

4 您从何处得知本书：□ 逛书店　　□ 宣传海报　　□ 网页　　□ 朋友介绍

　　　□ 出版书目　□ 书市　　　其他 ＿＿＿＿＿＿＿＿＿

5 您经常阅读哪类图书：

　　□ 平面设计　□ 网页设计　□ 工业设计　□ Flash动画　□ 3D动画　□ 视频编辑

　　□ DIY　□ Linux　□ Office　□ Windows　□ 计算机编程　其他 ＿＿＿＿＿＿

6 您认为什么样的价位最合适：＿＿＿＿＿＿＿＿

7 请推荐一本您最近见过的最好的计算机图书：

　　书名：＿＿＿＿＿＿＿＿＿＿＿＿　出版社：＿＿＿＿＿＿＿

8 您对本书的评价：＿＿＿＿＿＿＿＿＿＿＿＿＿＿＿＿＿＿

　　　＿＿＿＿＿＿＿＿＿＿＿＿＿＿＿＿＿＿＿＿＿＿＿＿

9 您还需要哪方面的计算机图书，对所需的图书有哪些要求：

　　　＿＿＿＿＿＿＿＿＿＿＿＿＿＿＿＿＿＿＿＿＿＿＿＿

社址：北京市海淀区大慧寺路8号　网址：www.wisbook.com　技术支持：www.wisbook.com/bbs
编辑热线：010-62100088　010-62100023　传真：010-62173569
邮局汇款地址：北京市海淀区大慧寺路8号海洋出版社教材出版中心　邮编：100081

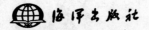 海洋智慧图书